日本ミツバチから学ぶ自然の仕組みと生き方

ミツバチおじさんの森づくり

吉川 浩 著

ライトワーカー

質問　AとB、どちらが 日本ミツバチ（大和ミツバチ）でしょうか？

（答えは、P6の最後にあります）

A

1 コスモスを訪れるミツバチ　2 巣箱の中に羽で風を送るミツバチ
3 オレンジ色をしたミツバチの群れ　4 巣箱の中のミツバチ

B

1 タイムの花を訪れるミツバチ　2 巣箱の前で門番をするミツバチ
3 秋の巣箱の中の様子　4 黒い色をしたミツバチの群れ

森の豊かさが、里へ降りていく

渓流釣り。自然の恵みは、森から川を経て海まで届く

1 ハザ掛けした稲を、足踏み脱穀機で籾を外す。手間はかかるものの、季節の流れに沿った農作業だ　2 40cm間隔に植えた苗は、大きく根を広げて育つ　3 春に黄色いシイの花が咲く自然林と人工林

ミツバチの生態、役割と現状

分蜂後の巣箱の様子

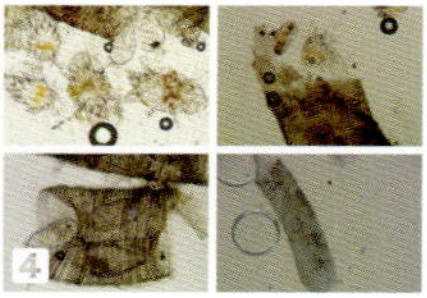

1 匂いでもコミュニケーションをするミツバチ。お尻から匂いを出して「集まれ!」と仲間に知らせる　2 花粉を運ぶ日本ミツバチ　3 蜂蜜は日本ミツバチが授粉した証。地域や季節によって蜂蜜の味や風味はすべて異なる　4 検査で発見されたアカリンダニの顕微鏡写真

森に巣箱を置いて繁殖環境づくり

1 「ミツバチと森をつくる」ビーフォレスト活動。森や農村に巣箱を設置して、日本ミツバチの繁殖環境をつくる 2 森に設置した巣箱

3 必ず入ることを祈って巣箱を設置
4 生態系が機能している広葉樹の森

ミツバチと森をつくる仲間たち

日本ミツバチとの触れ合い体験。最初は「怖い」けど、帰る頃には「可愛い」と笑顔になる

1 みんなで巣箱をつくる　2 巣箱は焼くことで長持ちする　3 森の中でミツバチの自然巣を観察　4 ミツバチの生態学習と巣箱の管理方法を学ぶ　5 森に巣箱を置きに行く　6 みんなで巣箱の設置体験

はじめに

みなさんは「ミツバチ」と聞いて、何をイメージしますか？『みなしごハッチ』や『みつばちマーヤの冒険』などのアニメでしょうか？「ブンブンブン、はちがとぶ」と歌われる童謡でしょうか？「レンゲ」や「アカシヤ」などの蜂蜜、あるいはお花畑で白い服を着て蜂蜜を採っている養蜂家の姿でしょうか？それとも、黄色と黒の縞模様のミツバチ・キャラクターでしょうか？

実は、こういったミツバチのイメージは、いずれも明治時代に養蜂を目的として日本に入ってきた、家畜として人工的に増やしている「西洋ミツバチ」のものです。外来種ですから、日本では人間の管理が必要なミツバチです。

海外でミツバチが大量に消えたり死んだりして大問題になったのも、日本で町中《まちなか》に逃げ込んだミツバチの大群が大騒ぎを起こしているのも、どれもが西洋ミツバチのことなのです。

ほとんどの日本人はもちろんのこと、ニュースを配信するメディアの人も、ミツバチ保護を叫んでいる多くの人たちですら、日本にいるミツバチがみんな同じだと誤解しています。

日本の森には、太古の昔から野生の日本ミツバチが棲んでいます。日本ミツバチは、四季折々の草木の花を授粉して木の実や種子をつくり、動物たちを養い、豊かな日本の森をつくってきました。また、人間が農業を始めると、野菜や果物の授粉を行って農作物の生産も手伝ってくれました。

多様な生物がいる豊かな森は、水源となって川や大地、そして海までも豊かにします。そうやって私たちは、森の恩恵を受けて生活しているのです。都会に住んでいると、森と共存していることなど忘れがちですが、森はどんなときも、私たちにとって大事な場所なのです。

日本ミツバチと西洋ミツバチ――この2種類のミツバチは、それぞれ異なる生態や役割を持ち、自然の森との関わり方も違うのですが、それを知らずに「都市の養蜂」「地域おこし」「ミツバチでの教育」などが、生態系のリスクも考慮せず安易に行われていて、新たな誤解と環境破壊を生んでいるように感じています。

ミツバチの違いすらわからない現状では、日本ミツバチや自然の生態系を守ることは不可能です。このような「ミツバチの誤解」を早く正す必要があると感じたのが、私がこの本を書くことになったいちばんの動機です。

私は、50歳を過ぎた頃、都会では手に入らない「自然に委ねた自由な生活」を目指して、奈良公園近くの田園地域に移住しました。ありのままの自然の美しさに感動したり、森や川や海で「自然の恵みの豊かさ」を経験すると、何でもあると思っていた都会の生活が幻想だったことがわかってきます。そして、お金だけを頼りに生きる都会の生活が、だんだんと不健康に、そして、不自由に感じてきました。

農業体験もなく、農地のあてもない私たち夫婦が、安全なお米や野菜、果樹などを、無肥料、無農薬、不耕起の自然農法で栽培して、半自給自足的な生活を実現するまでには、思いもよらない出来事や、素晴らしい出会いと発見がありました。そして、自然に委ねた生活をするには、豊かな自然環境が必要であり、そのためにはもっと自然の仕組みを理解しなければならないことがわかってきました。そんなときに日本ミツバチと出会ったのです。

日本ミツバチを毎日観察していくと、驚くような不思議な発見がいっぱいでした。日本ミツバチは、自分たちを豊かにするには、自分たちだけを満たすのではなく、まず森を豊かにすることが大切だと知っているようです。

また、植物が、ミツバチや動物たちと一緒に森づくりを行っていることや、ミツバチの驚くような行動、なぜ蜂蜜を貯めるのかなど、その意味もわかってきました。そして、「花はなぜ美しく咲くの？」「森に棲む動物たちがいなくなったらどうなるの？」など、次々と湧き上がってくる疑問にも答えが見えてきました。やがて「人間もミツバチや森と繋がらなくては生きていけない！」という、「命」の繋がりの仕組みをそこに見いだしたのです。それがわかったことで、今まで難しく感じていた「生物多様性」や「生態系」の意味が、すっきりと理解できるようになりました。

そんなミツバチのことをもっと深く知りたいと、私は近畿地方の森や養蜂家を訪ねて、伝統的な養蜂や考え方を学びに行きました。やがて、気がつけば、自然に委ねる自然農法をやりながら、蜂蜜を採るためだけの養蜂ではなく、ミツバチと森を繋いでいく「自然養蜂」の道を歩き始めていたのです。

養蜂を始めたばかりの2015年春、平穏な生活が一変する出来事が起きました。100群いた我が家の日本ミツバチが次々に死んでいき、翌年には壊滅したのです。原因は、昔は国内にはなかったミツバチの伝染病です。その伝染病は、現在も全国に広がっています。もし日本ミツバチなどの授粉する昆虫がいなくなったら、森がなくなり、やがて人間も滅んでしまいます。私は大きなショックを受けると同時に、危機感に襲われました。**どうにかしてミツバチたちを助けたい！**

そこで私は、日本ミツバチが壊滅していくのを防ぐために、近くの森に木の空洞《ほら》の代わりにミツバチの巣箱を置いて繁殖環境づくりを始めました。小鳥を増やすために、木に小鳥の巣箱をかけるのと同じ要領です。

ところが、その活動を進めるにつれ、そこには簡単には超えられない大きな壁があると知ったのです。それが、冒頭に書いた一般的なミツバチのイメージをはじめとする、「ミツバチの誤解」です。

この「ミツバチの誤解」を解き、日本ミツバチを守り増やすために、私は「ミツバチと森をつくる」市民団体ビーフォレスト・クラブを立ち上げました。

ビーフォレスト・クラブでは、生きた森づくりのために日本全国の森や農村に10万個の巣箱を置く目標を立て、仲間と日本ミツバチの繁殖環境をつくる活動を行っています。**日本ミツバチを増やす森づくりは、木を植える森づくり活動のグループなどと相互に連携を図っていきたいと思っています。**

また、設置した巣箱の営巣状況によって日本ミツバチの生息調査を行い、その地域の自然環境を判断するための新たな「ポリネーター環境指標づくり」（ビーフォレストＭＡＰ）にも挑戦しています。すでに、２０１９年度から、奈良県は県の事業としてビーフォレスト・クラブと協力して環境指標づくり調査を始めています。

私たちは、知らないうちに自然を壊しながら生きています。もし、それに気づいたら、未来の子供や孫たちが「自然を味方につけて生きる」ことができるように、自然の森や日本ミツバチを残せるようにしなければならないと思います。

私は日本ミツバチのことを「大和《やまと》ミツバチ」と呼んでいます。大和の時代よりもっと昔から、日本には森とともに生きる大和ミツバチがいることを伝えたいのです。その意味を知ることが、日本の森を守るスタートになると思うからです。

ただ、本書では読者が混乱しないよう、「大和ミツバチ」ではなく、あえて「日本ミツバチ」と呼ぶことにします。

この本を、いつも行動を共にしてくれた、最愛の妻、吉川明美に捧げます。

口絵1ページ目の答え：日本ミツバチはB

ミツバチおじさんの森づくり
日本ミツバチから学ぶ自然の仕組みと生き方――目次

第3章　自然養蜂家を目指そう！

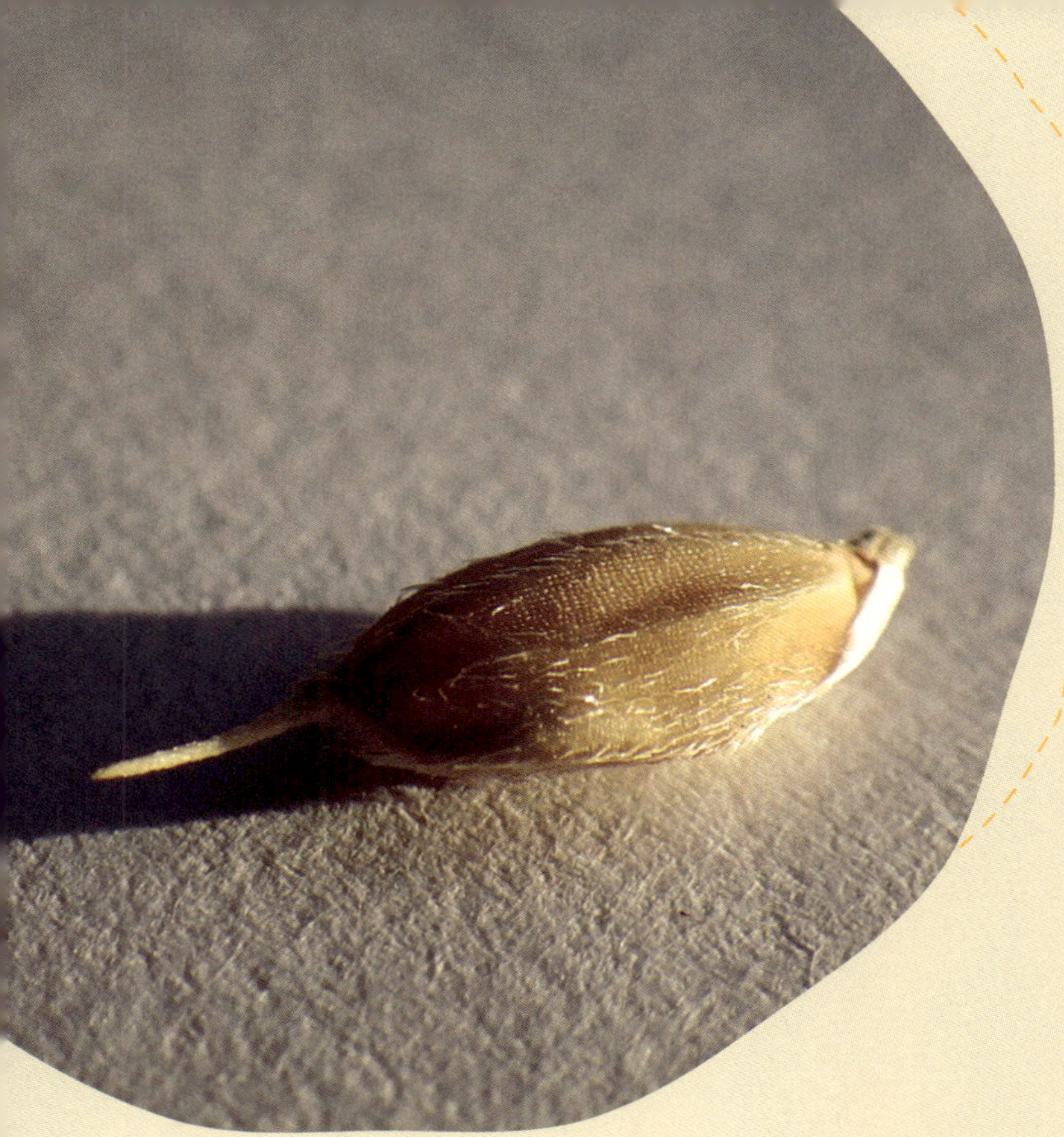

第1章
都会から自然に委ねた生活へ

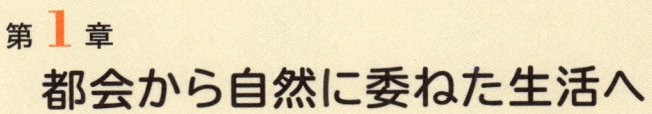

「自然の恵み」を求めて大阪から奈良へ

２００４年の春、それまで住んでいた大阪の町から奈良に移り住みました。引っ越し先は、春日山原始林のある奈良公園の南側の高畑町。半自給自足的な生活を目指しての引っ越しでした。

仕事場も住まいも大阪の心斎橋の近くにあった50歳の頃、私はもう都会での生活はやめようと思い始めていました。大阪での生活は、仕事場も近く、買い物も交通も便利でした。しかし、歳を重ねるごとにそれを「不自由」と感じていました。そこで、それまでの「気づき」を実際にやってみようと思ったのです。

都会での暮らしの中で、私の唯一の趣味は、20歳の頃からやっている渓流釣りでした。忙しい仕事の合間を縫っては、週末に紀伊半島の山奥に分け入り、アマゴという魚を追い求めていました。

アマゴは、西日本では標高５００ｍ以上の渓谷に棲んでいます。氷河期にサケのように海と川を往き来していたサツキマスが陸に閉じ込められて、そのまま山に棲みついた渓流魚です。同じように、東日本の渓谷にはヤマメという魚が棲んでいます。敏感なアマゴは、人の気配を察知すると姿を隠してなかなか釣れません。ですから、人のいない渓谷を独り釣り歩きます。40歳以降は、奈良県十津川村の大峰山系の源流に通いました。

ある夏の日、渓流釣りに出掛けたものの、釣りをしないまま大きな河原の石の上でいつの間にか寝てしまいました。その頃は仕事や人間関係で心底疲れていて、普段の眠りも浅く、精神的にも不安定な時期だったのです。

夏の渓谷は、山から渓谷に沿って涼しい風が流れてきます。滝の水しぶきや爽やかな森の匂いをはらんだ風は心地よく、ぐっすりと寝入ったようです。目覚めたときには、美しい大自然の渓谷全体に溶け込んで癒され、身心ともによみがえったような感覚がありました。

自然の森や渓流の力は、フィトンチッドやオゾン、森林浴などいろいろな効能が言われていますが、実際に癒されたと実感したのはこのときが初めてでした。

それ以降は、魚釣りに行くというよりも、渓谷に溶けて癒されに行くという感じになりました。**自然と一体化する快適さに目覚めた**のです。

その後、十津川村に古家を買い、時間を見つけては通うようになりました。

しかし、自然はいっぱいあっても、家の近くに食料品を売るお店はありません。そこで、村のおじさんに教えてもらいながら小さな菜園をつくり、ネギやジャガイモ、キュウリなどの野菜づくりを始めました。

ネギは苗を土に差し込んで、ジャガイモは畝《うね》をつくって均等に埋めました。カボチャは買ってきた苗を植え、キュウリの苗には、ツルが伸びるように杭と紐をネットのように張っておきました。みんな春に植えたときに水をやるだけで、あとは放っておくだけでした。

梅雨が過ぎた頃に行くと、草まみれの畑の端に、びっくりするほど立派なカボチャが落ちていました。知らない間にツルが伸びて、花を咲かせ、実をならせていたのです。思わず「すごい!」と言葉が出たほどの、驚きと感激がありました。

ジャガイモも見るたびにすくすくと枝葉を伸ばし、いつしか花を咲かせ、畝の横から幾つかのジャガイモが顔を出していました。

「あっ、できてる!」と、小さな白いジャガイモをひとつ手に取りました。そうやって4～5株から、ちびジャガイモをそっと抜き取ります。収穫時期の前にそうやって食べることを、十津川村の人は「盗人掘り《ぬすっとぼ》」と言うそうです。

そのジャガイモを、洗って茹でて食べます。皮は薄くてそのまま食べても気にならず、ほくほくとしてうまい!

実は、そのときにお天道様の存在に気がついたのです。

種や苗を植えておいたら、陽が射して、風が吹いて、雨が降り、野菜は自然と育ってくれました。作物は人間が作っているものだと思っていましたが、それはまさに自然が育んでくれる「自然の恵み」でした。

私たちは「生活の豊かさ」を求めて働きますが、都会で暮らしていると、豊かさの意味がわからなくなってきます。都会には、「自然の恵み」のような頼れるものはほとんど見当たりません。誰かが海や山や海外から運んできた物を売っていて、それを買って食べています。

畝をつくって種を撒いたあとは、自然がカボチャを育んでくれる

生活するために家賃や光熱費を支払います。そのために、みんな一生懸命に働いてお金を手に入れようとします。これは、お金がないと行き場がなくなる生活と言えます。

たとえば、テレビや洗濯機、スマートフォン、自動車などの「製品」をつくる場合を考えてみるとわかりやすいと思います。

自然界から原材料である鉄鋼などの資源を取り出し、精製加工して、いくつもの工程を経て製品はできていきます。都会にある物のほとんどは、1から10まで人工的につくられていて、「自然の恵み」がない仕事です。溢れるほどの物はあっても「自然の恵み」がない都会暮らしに、私は逃げ場のない「不自由さ」を感じるようになりました。

都会の生活は、お店がたくさんあって物もいっぱいあって買い物にも便利です。

ところが、私はたくさんある食料品の中から好きな「漬け物」を買おうとして、パックの裏の表示を見て驚きます。原材料名にいろいろな化学薬品、合成着色料、保存料、添加物類がいっぱい入っているのです。何が何だかわかりませんが、これでは「漬け物」ではなく「薬漬け」状態です。柴漬けやたくあん、イカの塩辛、佃煮など、ほぼすべての加工品も同様です。

我が家はさほど健康志向ではありませんが、私が食べたいのは「大根のたくあん」なんです。わざわざ添加物や保存料、着色料の「薬漬け」を食べることは避けたいですし、いくら「安全な薬漬け」と言われても信じられないし、食べる気になりません。

ですから、食品を買うときは、いつもラベルを確認します。たまに確認を忘れて買ってしまったときは無理して食べるのですが、「薬漬け」味に我慢ができず、捨ててしまうことが多いのです。もったいないけれど、このような物を何年も何十年も食べていたら、きっと身体がおかしくなってしまうでしょう。

私はスイカが大好きなので、店頭に並ぶのを首を長くして待っては、6月頃からよく食べています。その**スイカも、食べると化成肥料（化学的につくった肥料）の味がすることがあります。キュウリやトマトなども、そのまま食べると同じような場合があります。**好きなスイカは少々化成肥料の味がしても食べてしまいます。違和感を覚えるのですが、食べるときはあまり考えないようにしています。

ただ、スイカの生産農家によって化成肥料の使い方や量が違うようで、我慢できないほどの化成肥料スイカに出合うことがあります。そんなスイカは、加工食品と同じように、「あー、もったいない」と思いながらも捨ててしまいます。

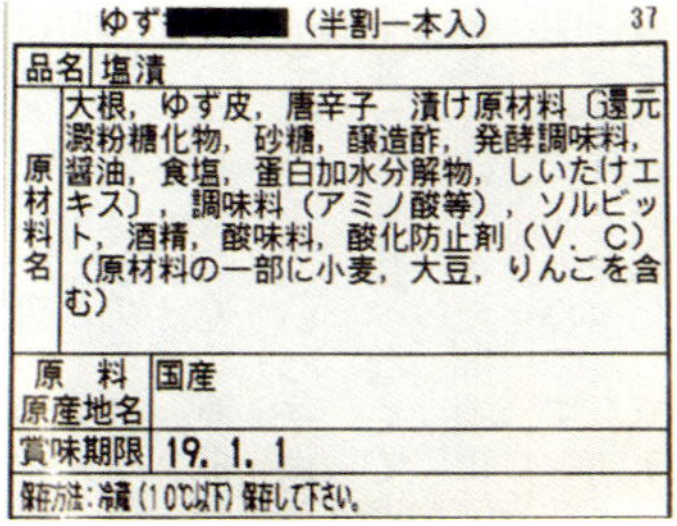

ゆず[redacted]（半割一本入）　37

品名	塩漬
原材料名	大根，ゆず皮，唐辛子　漬け原材料〔還元澱粉糖化物，砂糖，醸造酢，発酵調味料，醤油，食塩，蛋白加水分解物，しいたけエキス〕，調味料（アミノ酸等），ソルビット，酒精，酸味料，酸化防止剤（V．C）（原材料の一部に小麦，大豆，りんごを含む）
原　料 原産地名	国産
賞味期限	19．1．1
保存方法：冷蔵（10℃以下）保存して下さい。	

ゆず風味の大根漬物の説明書き

都会にはいろいろな種類の食品が大量にあるのに、安全な食品を探すストレスが年々増えていきました。好きな漬け物を買う楽しみもなくなったうえに、探すのも面倒くさくなってしまったのです。

企業やお店を信頼しようとしても、食肉の偽装や大量の農薬などによる健康被害といったニュースを聞くたびに、おいしそうに見える飲食店での食事も不安になってきます。しかし、都会だから不安なのかというとそうとは限らず、田舎の道の駅などで売られている食品も、飲食店やコンビニと大差ありません。添加物などの不要な物を食べないようにするためには、いったいどうすればいいのでしょう。逃げ場のない都会暮らしは限界にきていました。

それなら、いっそ自分たちでお米や野菜、果樹、そして加工品もつくることができれば、不要な物を食べなくて済むのではと考え、「自給農業」を模索し始めました。そして、30歳のときに読んだ福岡正信さんの著書『自然農法 わら一本の革命』（春秋社）にある「自然農法」が、私の心のずーっと奥深くにあったのを思い出し、自然農法で半自給自足の生活を始めようと考えたのです。

福岡さんの「自然農法」は、画期的な稲作方法でした。田んぼを耕さないで、麦と稲の二毛作を行うのです。春から秋にかけて稲を作り、秋に収穫してから翌年の春までは麦を作ります。

ユニークなのは、お米の種籾《たねもみ》を泥に混ぜて、種籾が入った小さな泥だんごを作ること。その泥だんごを、育ってきた麦の隙間にばら撒きます。泥だんごは撒きやすく、また種籾が鳥に食べられる心配もありません。

種籾は、6月初旬に麦を刈り入れたあとに発芽を始めます。耕さない。肥料をやらない。草も刈らない。農薬なども一切使わない。これで稲が育ち、お米ができるという、不耕起、無施肥、無農薬、無除草の自然農法です。

いろいろ考えると、稲作未経験の私が「自然の恵み」を受ける生活をするためには、自然をもっと理解するための経験が必要だと思いました。それが、私が奈良に移り住んだ理由です。

新規就農のための高いハードル

高畑の借家は、倒れかけの土壁の路地を入った古民家の裏にありました。数百年前に建てられたという古民家の裏庭は、大きな桜の木に寄り添うようにカキやモミジなどの木々が、手入れもされずにうっそうと生い茂っていて、我が家の玄関の前まで枝が伸びてきていました。

引っ越してまず驚いたのは、その「遠くまでの静けさ」でした。朝の6時と夕方の6時に、どこからかお寺の鐘が聞こえてきます。

もうひとつ驚いたのが、早朝から一斉に鳴き始めるウグイスたちです。「ホーホケキョッ、ケキョッ」と、家の周りをウグイスの群れが囲っているかのようです。

びっくりするほどの夜の静けさと早朝のウグイスの合唱に、最初は喜んでいたのですが、毎朝、早くからウグイスに起こされて睡眠不足になるという、おかしな悩みになりました。そして、初夏になる頃から蝉の合唱が、秋は虫の合唱でした。

奈良公園の森まで１００ｍほどの場所ですから、昼間でも鹿が家の前をうろうろするのは当たり前で、夜になると野生のタヌキも玄関の前に顔を見せます。

都会の喧噪とのギャップもありますが、何とも別世界に来たような、自然豊かな古民家裏の暮らしです。

この借家から会社のある大阪に通いながら、就農するためにはどうすればいいのか試行錯誤しながら、田んぼと家を建てる場所を探しました。

日本の農村はどこも少子高齢化が進み、耕作放棄地が増えていて、就農者を募集していました。そこで、奈良県や奈良市、農協などの就農支援のすべての窓口に相談に行ったのです。当時、奈良市では、就農するためには5反（１５００坪）の農地を買うか、借りるかする必要がありました。

また、トラクターなどの農機具や倉庫などの設備があることも就農の条件でしたが、自然農法での米づくりは手作業なので、機械は使いません。

ところが、相談に乗ってくれるはずの窓口に行くと、地域の農村事情や制度の説明ばかりで、農地や倉庫、農機具などの貸し手を紹介してくれるなどの具体的な情報や支援策は、一切なかったのです。

農業に従事したことのない私たちが、すぐに農地や設備などを揃えられるわけがないと思うのですが、**就農するためのハードルは非常に高いものになってしまいました。**

引っ越して1年ほど経つと、住んでいる地域の状況もだいぶわかってきて、借家から徒歩7〜8分の山に近い場所に家を建てることが決まりました。そして、本格的に田んぼ探しを始めたのです。

農村には、地域ごとに農家をとりまとめる農業委員がいます。そこで、農家の情報を持っている農業委員の住所リストを農業委員会でもらってきました。そして、お酒や菓子箱を持って一件ずつ訪ねたのです。

奈良公園の南の地域では、田んぼが少なくなっています。隣の村、そのまた隣の村と、南の方の農家へと訪ねていきました。

家から2kmほど離れた、鹿野園町の農業委員さんを訪ねたときです。偶然にも農業委員さんのご親戚の方が田植えの準備をしていて脳梗塞で倒れ、田畑の管理をどうするか困っていたところだったらしく、思いのほか話はトントンと進みました。倉庫や農機具などを農業委員さんが貸してくださり、自然農法ではないのですが、一般の慣行農法を教えていただきながら田畑を引き継ぐことができました。

奈良に移り住んで約3年。やっと家と農地の準備ができました。

新米農家の米づくり

鹿野園町で借りた田んぼで行う慣行農法（除草剤や化成肥料、農薬などを使って行う農法）でのお米づくりは、6月始めに田植えができるように、田んぼ2反（600坪）に水を張って、トラクターで代かき（田植えのために土をならすこと）をします。田植えは、農協で買ったトレーの苗を田植機にセットして植えます。手植えだと2人で3～4日かかりますが、田植え機だと半日もかからず、あっという間に終わってしまいます。

田植機には、トレーの苗とともに化成肥料と除草剤のペレットを積んで、苗植えと同時に自動的に撒くようになっています。

除草剤を田んぼに撒くと、雑草はほとんど生えてきません。農作業は、崩れそうな畦の補修や、田んぼの水を一定に保つように管理するだけです。農薬は撒きませんでした。

稲はすくすくと育って、秋には黄金色に稲穂が実ります。稲刈りは10月中旬頃行います。稲刈りは、コンバインという機械で刈り取ると、稲から籾（籾殻がついたままの米）を自動的に外して袋に詰めるのですが、この作業は半日で終わります。

袋に入った籾を、農業委員さんの倉庫に運んで乾燥機にかけて数時間乾燥させます。乾燥できたら脱穀機で脱穀（籾から籾殻を取る）して玄米にします。

我が家が借りている田んぼ2反の収穫量は、玄米で約８００kgほどでした。そのうち１５０kg（30kgを5袋）を小作料として地主に収めます。

我が家が持ち帰る玄米２１０kgを差し引いた残りの４４０kgを、30kg６０００～７０００円で手伝ってくれた農業委員の方を通じて農協に売ります。売上高は、約10万円ほどです。そこから、農機具使用料や手伝い費用、運送費、倉庫代、苗代、化成肥料代や除草剤代などを引くと足が出てしまいます。また、我が家は手伝ってもらった農業委員さんに３万円ほど支払っていました。

つまり、1年間稲作作業をして、玄米２１０kgを得るために3万円を支払うことになります。４４０kgのお米を売っても利益は出ません。玄米２１０kgを農協に売る価格で買うと、約5万円で手に入ります。農地を借りて、農機具や倉庫設備を持たずに手伝ってもらったりする米づくりは、全く成り立たないことがわかります。また、農機具や倉庫設備などは、新品を揃えると１０００万円ほどかかるそうです。とても慣行農法で就農しようと思えませんね。

結局、新米農家の1年目で、普通のお米を手に入れたい場合は、ベテラン農家から直接買った方が合理的だという結論に至りました。就農したけれど、まだまだ半自給自足的生活は先のようでした。

ようやくたどり着いた、自然農法の米づくり

お米づくり2年目の２００７年、55歳のときに大阪でやっていた小さな会社を閉めました。これから自然農法で半自給自足的生活がどこまでやれるか、本格的にチャレンジです。

機械化の慣行農法をやりながら、平行して三重県名張市赤目にある、川口由一さんが主宰されていた「自然農塾」へ通いました。川口さんは、福岡正信さんから自然農法を学ばれたとのことですが、その方法は少し違っていました。

川口さんは種籾が入った泥だんごをつくらず、苗をつくって1本ずつ植えるやり方で、不耕起、無施肥、無農薬で行う自然農法です。

「自然農塾」では、5坪ほどの小さな田んぼを借りて、手ほどきを受けたやり方を実践させていただきました。

ここでは4月中旬に田んぼに苗代（稲の苗を育てる場所）をつくり、種籾を撒きます。約2ヶ月後の田植えの頃には苗が20cmほどに成長するので、苗代から丁寧に鍬やスコップで苗

不耕起栽培の自然農法の田植えは、一本ずつ竹串で植えていく

苗から肥料なしで育てる

自然農の田んぼは、多様な生物たちが集まるビオトープ

草と稲が一緒にある田んぼは安心感がある。除草剤を使わない田んぼの土の中には、微生物がいっぱい

を抜き取ります。

自然農法の田んぼは耕しません。それまで生えている草を刈って、田んぼが湿る程度に水を入れてから田植えをします。

田植えは、幅40cm、奥行き30cmごとに1本ずつ竹串で穴を開けて、野菜の苗のように植えていきます。肥料をやらないので十分に根が張れるよう、間隔は広く取ります。丈夫な苗を1本ずつ植えれば、十分大きな株に育ちます。

「自然農塾」の小さな田んぼには、4月から月に1回ほど通い、10月に稲刈りとハザ掛けをして、11月に足踏み脱穀機での脱穀と、唐箕《とうみ》で籾の選別をしました。

肥料もやらず、農薬も使わずにお米ができるのを目の当たりにすると、「自然の力」の存在に感激します。

稲作を慣行農法と自然農法、2つの方法でやって見えてきたのは、人為的な稲作方法と自然を味方につける稲作方法の違いです。

自然農法の田んぼや畦には、草が残っています。太陽や水、植物、微生物などの「自然に委ねる」ために、除草剤や化成肥料、農薬などは使いません。

そして、自然農法の苗は1本植えなので、稲穂が実った状態を見て、次年度に植えるための種籾の株を選ぶことができます。より美しく、たくさん元気に実った稲穂を選んで種を循環させていきます。自分のセンスで選ぶので、昔はそれぞれの農家独自のお米ができたのでしょう。それが農家の喜びでもあったはずです。

ところが、現在の慣行農法の田植えの多くは、循環農業ができないシステムになっていきます。トレーの苗を買ってきて田植え機にセットすると、自動的に３本ほどの苗をつかんで植えます。このやり方だと、どの種籾がよく実ったかがわからないので、種取りができないのです。

純粋に自然農法で稲作をしようとすると、汚染されていない水を入れることができる田んぼを探さなければいけません。

田んぼの水は、上から流れてくる水を入れるのが基本です。自分の田んぼの上に慣行農法の田んぼがたくさんあると、除草剤や農薬などの汚染水が流れてくるので、自然農法は難しくなります。

実際に稲作をやっていると、田んぼの適地もだんだんとわかってきました。

自然農法を体験した秋、家の近くの春日山原始林の麓に、１反の耕作放棄地の田んぼを借りることができました。春日山原始林から流れ出る川の水を直接入れられるという、絶好の立地です。

耕作放棄地の全面にセイタカアワダチソウが咲いていました。クズも繁茂していました。刈り取って畦や水路を整備しながら自然農法の準備を進めました。6畝（1反の6割）を田んぼとしてお米づくりを行い、残り4畝を野菜づくりの畑にしようと思いました。

そして、翌年の2008年は、鹿野園の田んぼでは慣行農法で、家の近くでは本格的に自然農法でお米と野菜をつくり始めました。田植えのあと、勢いよく育つ稲の成長を見るのは楽しいものです。

しかし、**慣行農法と自然農法の稲の生命力の違いは歴然としていました。**過保護に育てられた慣行農法の稲は、ひ弱だけどすくすくと大きく育ちます。それに比べて自然農法の稲は、初めは育ちがゆっくりですが、根がしっかり張ってからは野性化するのか、生き生きとたくましく生きる力を感じました。それは台風が来ると一目瞭然です。**慣行農法の稲は強風で倒れたりしますが、自然農法の稲は1株も倒れません。**

翌年、慣行農法の田んぼはすべて地主にお返しして、手作業で行う自然農法の田畑だけを行うことにしました。

奈良に引っ越してから丸4年が経っていました。

我が家にある農機具は、草刈り機とノコギリ鎌、スコップと鍬、そして、古道具屋さんで探してきた足踏み脱穀機と唐箕です。やっと思い描いていた不耕起、無施肥、無農薬での自然農法の生活にたどり着きました。

自然農法の田んぼで見えた生態系バランス

自然農法の稲作を続けていくと、生き物が驚くほど増えていくのがわかります。

水が入った田んぼには、カエルやザリガニ、川エビ、ドジョウ、ゲンゴロウ、ミズスマシ以外にも、名前のわからない生き物がうじゃうじゃと現れてきます。また、それを食べるカモがたくさん集まってきます。そして、田んぼの周りには、トンボやトカゲ、カマキリ、バッタ、チョウやヘビも出てきます。

こんなにたくさんの生き物が、どこから湧いてくるのかが不思議です。田んぼの水は、春日山原始林を流れる能登川から来ているので、きっと原始林からやってくるのでしょう。しかし、生き物が増えるいちばんの要因は、他の田んぼや畑と違って化成肥料や除草剤、農薬を使っていないからだと思うのです。

太陽光と山からの水や雨があれば、肥料をやらなくても植物は自然に大きくなります。ただ、農地によって土壌や水の環境が違うので、少し工夫が必要です。

自然農法の田や畑は、作物が草に負けない程度に単年草を残すようにします。草は土壌を保水して乾燥から防ぐ役割があるからです。そして、**土の中に草の細い根がいっぱい張れば、たくさんの微生物が棲める環境が生まれます。**微生物が増えると自然に新陳代謝が活発になり、有機物が増えてきます。それを微生物が食べて細かく分解し、土壌にチッソ、リン酸、カリ、カルシウム、マグネシウムなどの養分が増えてきます。農作物は、それによって育ちます。

また、**微生物が増えると、それを食べる虫が増えて、虫を食べるクモやカエル、トカゲや鳥が増えてきます。**

虫を食べるクモは草むらにいます。農作物の害虫がやって来ると、草むらにいるクモがそれを食べ、クモが増えるとカエルが食べます。カエルが増えるとヘビが食べ、ヘビが増えるとそれを鳥が食べます。そんなふうに、生き物たちの食物連鎖の繋がりによって生態系バランスがとれていきます。

このバランスができてくることが「豊かな自然環境」といえるのでしょう。私は、自然農法の田んぼづくりの基本は、この「生態系バランスづくり」だと思います。そして、それはできるだけ自然に委ねる方が間違いが少ないと考えています。

自然農法を続けていると、田んぼと畑は川や森と繋がっていて、太陽や雲、多様な生き物たちとも繋がっている「一体感」を感じるようになりました。農作物が、そのような繋がりから生まれていることを実感すると、その意味もだんだん変わってきます。私たちは、単に農作物からカロリーやビタミンなどの栄養分を摂っているだけではないということに気づいたのです。

安全な自然農法の田んぼや畑には、たくさんの酵母菌、乳酸菌、納豆菌などの微生物が棲んでいます。そこでできた農作物にはその微生物が付着し、それを摂ることで腸内細菌（腸内フローラ）として取り入れられていることがわかりました。

実は私自身、腸内細菌のバランスが悪いと感じたときに乳酸菌の錠剤を飲んでいたのですが、土壌細菌を勉強していると、自身の腸内細菌に対する考えとシンクロするのを感じました。

一般に、人間の腸の中にはさまざまな腸内細菌が一定の生態系バランスを保っていて、それで健康体を維持していると考えられています。腸内細菌と人体との共生です。これは、自然農法の土壌づくりの細菌と、全く同じ生態系バランスの考え方です。

自然の力を味方につけるための自然農法は、単に安全な農作物をつくるための方法というだけでなく、実は「土と腸を繋げるための農法」であり、自分の腸の健康な環境づくりだと気づいたのです。

このような発見から、農作物を食べる人の身体と田んぼや畑が繋がり、それが川や森と繋がっていることを強く意識するようになりました。

一方、このような自然農法に対して、除草剤や化成肥料、農薬などを使って農作物をつくる慣行農法の田んぼや畑では、カエルやザリガニはもちろんのこと、雑草や害虫とともに土壌の細菌も激減してしまいます。

都会で見ていた「薬漬けの漬物」のように、多くの慣行農家や企業は、たくさん売るための食物を人工的に効率よく、そして、大きくて甘く、見た目の良い作物をつくろうと一生懸命です。

自然に委ねる祈りと祭り

自然農法で田畑をやり始めた翌2009年、春日山原始林の麓の田んぼで困ったことが起こりました。雨が降らない日々が続いたのです。前の年と違って水がない上に、借りた田んぼは水抜けが激しい田んぼだったのです。耕作放棄地になったのはそのことが原因だと、後日知ることになりました。

田んぼに水がなくなると、たくさん雑草が生えてきます。小さい稲は雑草に負けてしまうので、草抜き作業が大変です。

雨が少なくても、春日山原始林は多様な植物による保水力があるはずでした。しかし、奈良公園で増えすぎた鹿が入って草木の新芽を食べてしまうので、新たな木が育ちません。下草も少なくなって本来の保水力がなくなってきているのです。また、外来植物のナンキンハゼやナギの木が過剰に増えてしまったことで、森が衰退してしまっているようです。

稲刈り後のハザ掛け。春日山原始林と御笠山を臨む

川に水がなくなると、田んぼに引く水も少なくなってしまいます。そうすると、農家同士で水の取り合いが起こります。他の田んぼの水路を塞いで自分の田んぼに水を入れたりするのです。情けなくなります。これも昔から行われていた水争いなのでしょう。

半自給自足的生活を行い、作物の成長は自然に委ねようと思っていても、雨が降らないとうまくいきません。田んぼに水を引けない日々が続きます。一日に何度も天気予報をチェックして、雨雲の動きを見ます。農作業よりも水が心配な日々は疲れます。**本当に農業には水が必要**なんだとわかってきた新米百姓には、あがいても仕方がないこともわかってきます。少しでもいいから降ってほしいと雨を乞い、いつしか天に祈っている自分に気づきました。

雨が降らない、水がない状況を何度も繰り返すうちに、**自然に委ねるということは、その結果がどうであれ「受容する」ことだとも気づきました。そのままを受け入れるしかないのだと。**ジタバタしても、お米は天気や環境によって出来、不出来があります。ただ、よほどのことがない限りそれなりにできます。自然環境の変化はどうしようもありません。**手を合わせて祈るしかないのです。**

3年目の秋、自然に感謝するために、田んぼで「観月祭」をやろうと思いつきました。ちょうど、田んぼからは中秋の名月が見えます。

「あまのはらふりさきみれば春日なり、三笠の山にいでし月かも」

友人たちがみんな集まってかがり火をたき、草むらに腰を下ろし、笛の調べに耳を傾け、音楽祭のように盛り上がりました。お月さんが、ちょうどいい具合に出てくれました。

妻と私は、自然の恩恵にいつも感謝していました。そして「昔の人もこうして祈ったんだなー」と思い、祭りが生まれた意味も知らされました。

日本ミツバチの自由さに感動する

自然農法では、畑の畝に種を撒くときに、撒く場所以外は草を刈らずに残しておきます。クモやバッタやコオロギ、テントウムシなどは、その草の中に棲みます。そして、夏でも草があることで土が乾燥しにくくなり、それが土の中の微生物にとっては草の根などの棲み家とともに心地よい環境になります。

やがて、野菜が育ってくると、それを食べる虫が寄ってきます。そのときに草があると、野菜が目立ちにくくなります。そして、クモやテントウムシなどが寄ってくる虫を食べてくれたりもします。自然農法は、あまり草を刈らなくてもいいし、水やりもそれほどしなくていいのです。草はやがて枯れて肥料にもなります。

生物との繋がりを意識して対応すると、その中で作物が一緒に育ってくれるのです。

そんな自然農を始めた新米百姓が、自然の中で生きる日本ミツバチの存在を知ったのは、2007年に自然農法を学びに「赤目自然農塾」に通っていた頃です。

ある日テレビを見ていると、山奥で暮らす人の生活が紹介されていました。森には野生の日本ミツバチがいて、丸太の巣箱を置くとミツバチが棲んでおいしい蜂蜜を貯めるので、それを採って生活の糧にしている人でした。そして、「山の草木の花の蜜はおいしくて、宝物のように貴重だ」と話されていました。

私が驚いたのは、日本には外来種の西洋ミツバチだけでなく、野生の日本ミツバチがいるということでした。しかも、蜂蜜が採れるとのこと。

テレビで見たところ、**森の中での日本ミツバチ養蜂は、餌をやるなどミツバチの世話をしているようには見えませんでした。**自然農法でジャガイモの種芋を埋めたらいつの間にかジャガイモができているように、森に置いた巣箱に、いつの間にかミツバチが棲んで蜂蜜を貯めているように見えます。**自然農法と、やり方もよく似ています。**そして、何より日本ミツバチに強く惹き付けられたのは、彼らの「自由さ」でした。

自然には、本来境界がありません。しかし、自然農法であっても、耕作できる自分たちの田畑の中の限られた範囲で作物を育てています。ところが日本ミツバチは、遠くの森や公園の花壇、街路樹、向かいの畑、お隣さんのプランターの花を訪れても誰も怒りません。むしろ喜んで迎えてくれそうです。

私は、直感的に日本ミツバチの「その自由さを味方につけたい！」と感じたのです。

私たちの仕事は、一般的に自分や家族のためにお金や作物などを「得る」ことを目的として働きますが、日本ミツバチは、野山の草木に授粉という「与える」役割を担いながら、蜜を集めて「得る」生き方をしています。なんと素晴らしい生き方があるのだろうと感動して、日本ミツバチに畏敬の念さえ感じたのです。

まだ始めてもいない日本ミツバチ養蜂ですが、広大で多様な自然と繋がることができるワクワク感でいっぱいになりました。

それからしばらくして、私は自然農法で農作物をつくるように、「自然と繋がる養蜂」をやろうと心に決めていたのです。

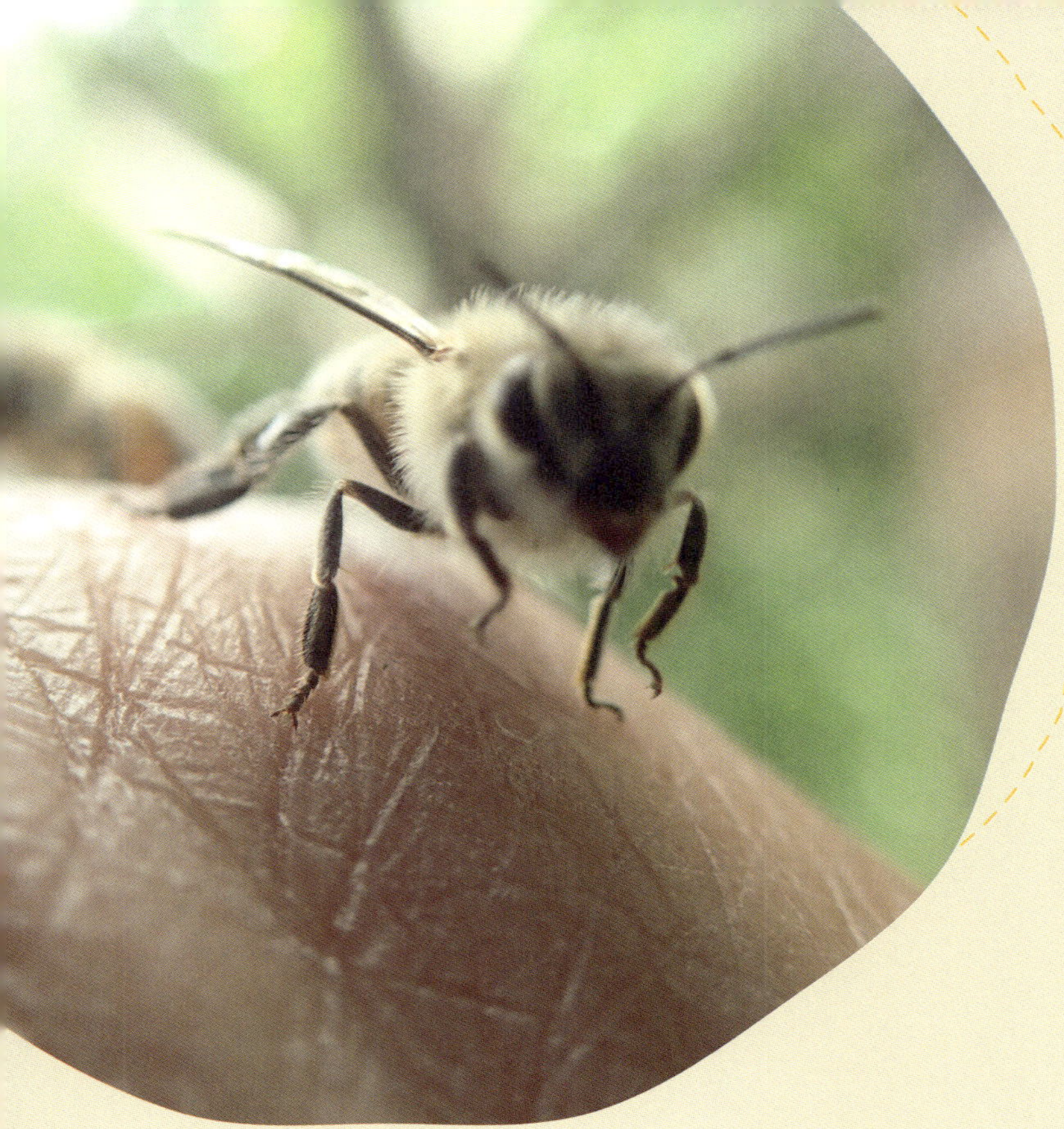

第2章

ミツバチのいる暮らし

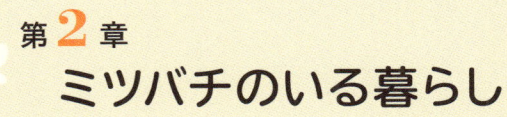

日本ミツバチが我が家に棲みつくまで

日本ミツバチを知った翌年の4月下旬、「ミツバチが新薬師寺の松の木に止まっているよ」と近所の人から連絡を受けたのが、紀ノ川を渡る奈良県五條市の大川橋の上でした。十津川村に渓流釣りに行く途中に、そんな驚きのニュースが入ってきたのです。

日本ミツバチを飼うために本を読み、巣箱を作っていろいろと準備を始めて1年以上が経っていました。そのとき、ミツバチのために戻ろうかどうしようかと迷ったのですが、気持ちはすでに大峰山系の山奥に行っていたので、残念だけど今回は縁がなかったと思うしかないと、そのまま山に向かいました。

渓流釣りから家に戻ったのは、それから丸二日後の夕方です。とりあえず、ミツバチがいたという現場を見ておこうと、家から150mほどのところにある新薬師寺の境内を覗きに行きました。どんなところにミツバチが止まっていたのかを知りたかったのです。すると、なんとミツバチたちはまだ松の木に、パイナップルのような形に固まって止まっていたのです！

もうすでにどこかに行ってしまったと諦めていたので、あのときの嬉しさは今も忘れられないくらいです。恋い焦がれていた人と不意に出会ったような……。良かった！　いてくれて。

さっそく家に戻って、妻の協力を得ながら急いで捕獲の準備です。上下つなぎの白い服に着替えて、防虫網のついた帽子をかぶり、脚立、ゴム手袋、ガムテープ、ゴミ袋、捕虫網など、必要と思われる物を持ってお寺に戻りました。

ミツバチに刺されると大変だと思い、ゴム手袋と袖口の間に隙間ができないよう、ガムテープをぐるぐるに巻きました。脚立に乗り、ゴミ袋をガムテープで木の枝に固定すると、丸く固まっているミツバチたちを両手でゆっくりすくい、ゴミ袋の中に落として入れました。柔らかく動くミツバチを、厚い手袋ですくうのは至難の技です。

最初にゴミ袋にガバッと入れたミツバチは、驚いて飛び出そうとします。混乱したミツバチたちは私の周りを飛び回っています。ミツバチの塊が散らばると、手ですくうことも掴むこともできません。

半分以上のミツバチがゴミ袋に入った段階で、袋の口を閉じて家に走って戻りました。家の裏の畑に用意したゴミ箱のような四角い巣箱に、ゴミ袋のミツバチを放り込みます。そして、別のゴミ袋を持って、お寺の境内の松の木に戻りました。そうすると、ばらばらになっていた残りのミツバチたちは、また元の場所に寄り添って小さく固まっていました。怖がっ

ビーフォレスト活動で営巣した森の巣箱

ている様子です。

最初にゴム手袋ですくったミツバチたちは、どれも攻撃してこなかったので、再度優しくすくってゴミ袋に入れました。そして、ばらばらになったミツバチを刷毛で払いながら、袋に落として入れました。しかし、全部はすくえません。それで、また家に走って戻り、ミツバチを巣箱に入れてはお寺に戻って、という作業を繰り返しました。最後は、飛んでいるミツバチを捕虫網で何度も採って持ち帰り、巣箱に入れました。かわいそうですが、逃げてしまったミツバチまではすくい切れませんでした。

巣箱に無理矢理放り込んだミツバチたちは、巣箱の周りを飛びまわり混乱していましたが、やがて巣箱の中に入って天井に丸く固まり、「蜂球《ほうきゅう》」をつくりました。

初めての捕獲成功！　あー、緊張した。あー、疲れた！

一度も刺されることなく、作業は無事終了。ミツバチたちは、思ったよりも臆病でおとなしく、かわいそうなほど逃げ回っていました。

私が読んだ本には、ミツバチは巣箱からすぐに逃げる場合があると書いてあったので、このままここに棲んでくれることを祈るしかありません。

次の日から、時間があれば巣箱の前でミツバチを観察するようになりました。幾日かたつと、ミツバチたちは落ち着いて飛び回るようになり、我が家に定住することを決めたようでした。

私の日本ミツバチとの付き合いは、ここから始まりました。

そして、**優しくて不思議な日本ミツバチは、私に自然環境の意味や生き方まで教えてくれたのです。**

観察することで見えてきたBeeRoad（ミツバチの花路）

２００７年の春、農業とともに日本ミツバチのいる半自給自足的生活が始まりました。しかし、本は読んだものの、実際に飼ってみると、ミツバチにどのように接すればいいのか、さっぱりわかりませんでした。

最初の年は巣箱の横で眺めたり、カメラで巣箱の中を撮ったり、彼らのことが知りたくて観察する日々が続きました。２年目、ミツバチは３群に増えていたのですが、やがて１群死んで2群になりました。

日本ミツバチを飼い始めて3年目の春。分蜂《ぶんぽう》や野山で捕獲したミツバチを含めて、我が家のミツバチは12群になりました。

巣箱のそばでミツバチを眺めていると、巣箱からミツバチがたくさん出入りするときと、ほとんど出掛けないときがあります。その差はいったい何だろう?

そこで、10秒間に巣箱に戻ってくるミツバチを数えてみました。少ないときは0～2匹、多いときは100匹を超えていました。

ミツバチは、「花の蜜」と「花粉」を食べます。花の蜜は、巣に貯めて濃縮して蜂蜜にします。タンパク質の多い花粉は、幼虫や女王蜂の食料として貯蔵されます。春の草木がたくさん花咲く頃に、日本ミツバチも一生懸命に働いて食料を集めます。この貯蔵食糧は、花が少ない夏や冬場の食料となります。

日本ミツバチの行動半径は、巣から約2km と言われます。巣箱から飛び出していくミツバチは、あちらこちらへと飛んでいきます。ミツバチが忙しく出入りしている場合は、野山に蜜を出す花がたくさん咲いていることがわかってきました。そして、花粉の色を見ると、白や黄色、ピンクやオレンジ色など、時期によって変わっています。つまり、その時期ごとに、咲く花の種類が変わるんですね。同時に複数の花粉を集めている場合は、数ヶ所に分かれて

ミツバチが飛ぶと、空に道が現れます

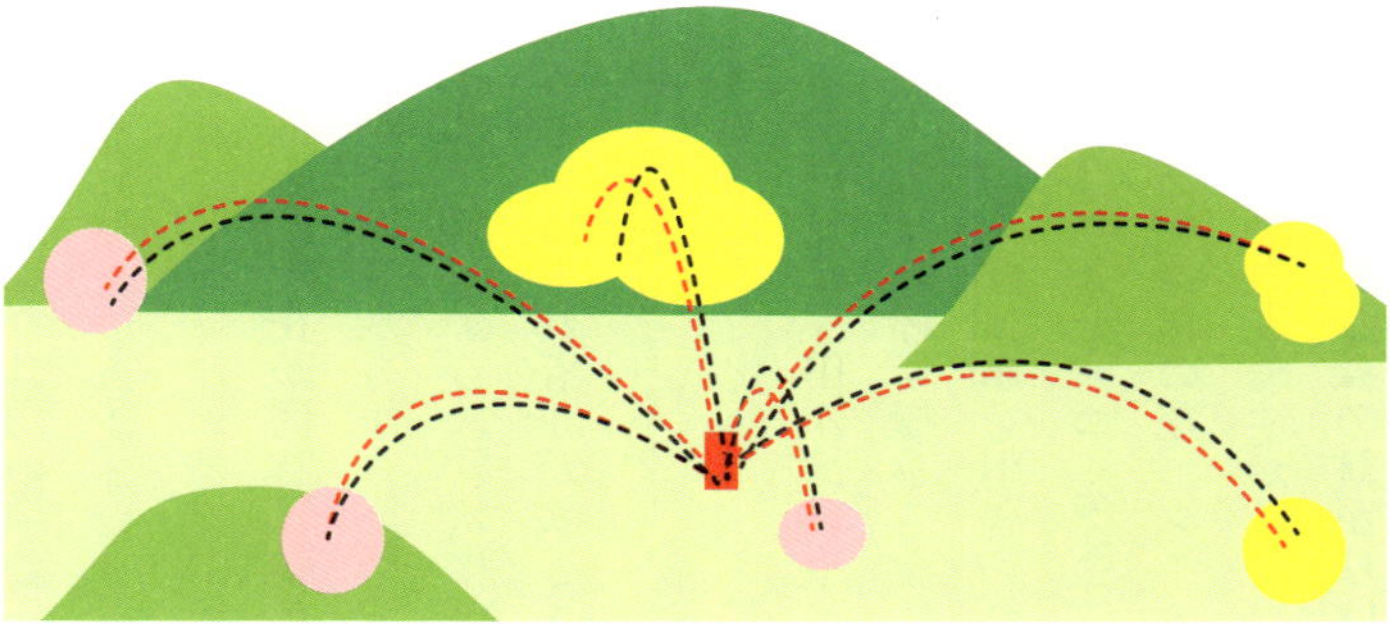

図1 BeeRoad（ミツバチの花路）

飛んでいっているということもわかってきました。

　また、ミツバチがたくさん出入りする時刻は季節によって変わります。朝早くから出入りする場合と、お昼頃や、夕方に出入りが多い場合など、毎日同じわけではありません。草木の花は、種類によって蜜を出す時間が違うのです。毎日のように巣箱を見ていると、草木の花が咲く状況を、ミツバチを通じて感じられるようになります。遠くの野山の様子が、実際に見ているように感じられるのです。

　あるとき、巣箱から山の一方向に向かっていくミツバチがいました。きっとたくさんの花が咲いているのでしょう。数えてみると、1秒間に2～3匹の間隔で巣箱に戻ってきます。巣箱にミツバチが連なるように戻ってくるのです。

そのミツバチの連なりは山の向こうの花咲く木々まで連なっていて、まるで空に向かって連なる路のように見えてきます。私は、その道をBeeRoad（ミツバチの花路）と呼ぶようになりました。

野山にいろいろな花が同時に咲いている場合、日本ミツバチはそれらの花にグループで訪れます。巣箱に四方八方から戻ってくるミツバチを見ていると、それがよくわかります。そういうときは、巣箱から放射状にBeeRoadができているのです。

野山の草木にはどれも花が咲きますが、咲く時期はそれぞれ異なります。移りゆく森の変化とBeeRoadを想像しながら、私はミツバチとともに、遠くの森と繋がる、初めての感覚に感動していました。

似たような感覚は、田んぼをやっているときにもありました。4月の半ばに田んぼに苗代を作って種下ろし（種籾撒き）をするときや、6月の田植えのときです。春日山原始林に繋がる水路から田んぼに水を引き入れると、その水によって春日山原始林と田んぼが繋がるのを実感します。しかし、BeeRoadは、お隣さんのプランターに咲くラベンダーから、原始林のヤマザクラやフジの花、シイの花、クリの花と移り行きます。田んぼや水路も自然との繋がりに広がりがありますが、ミツバチは、自然には境界線はないと教えるように自由に行動します。**ミツバチと森の繋がりは、自然とともに自由に生きるお手本のようでした。**

すごいぞ！　ミツバチのGPS機能

日本ミツバチの巣箱は、縦横30cm、高さが50cmほどです。

ある日の午後、巣箱を3mほど移動してみました。そうすると、元の巣箱の場所にあるビールケースの上にミツバチたちがたくさん集まって、右往左往しています。いつもの場所に巣箱がないので、困っていたのです。ミツバチは場所を覚えているので、同じ場所に戻るのは当然と言えば当然です。巣箱を元の位置に戻すと、ミツバチたちは何事もなかったかのようにおとなしく、巣に入ってはまた出掛けていきました。

私は、日本ミツバチがどの程度の距離まで巣箱を動かすと迷うのか興味が出てきたので、いろいろ実験をしたことがあります。巣箱を真横に約40cm（巣箱台のビールケースの幅）だけ移動すると、迷いながらも巣箱の入り口を探して戻ってきました。

次に、巣箱を真横に約80cm（巣箱台のビールケースの幅2つ分）移動しました。そうすると、巣箱に戻ってきたミツバチは迷っていています。移動した巣箱が認識できていないようです。このことから、ミツバチの巣箱の認識は、巣箱の台にしているビールケースの幅（約40cm）以上移動した場合、場所がわからなくなることが判明しました。家の庭や山でも、ミツバチの巣箱を置いてミツバチの営巣を待つ場合は、巣箱は簡単に移動させられないと覚悟しておかなければなりません。

日本ミツバチの行動半径は、約２km と言われていますから、その行動範囲内で移動すると元の巣箱の位置に戻ってしまいます。もし10m離れた場所に移動したければ、一旦巣箱を２km以上離れた場所へ移動します。そして、１週間以上たってから、移したい場所へ戻します。そうすると、ミツバチは移動された場所で巣箱から飛び立つときに、巣箱の周りを飛び回って位置を確認しているようです。そして、30cm四方の位置の巣箱とその入り口も正確に覚えていて戻ってきます。１cmちょっとしかない昆虫の小さな頭の中に、超高度なＧＰＳ（Global Positioning System：全地球測位システム）があるのかと思うと驚きます。

巣箱を丸ごと移動する場合は夜に行います。ミツバチたちが巣箱に戻ってきている状態で移動するのです。ところが、夜８時や９時に２km以上離れた場所に移動しても、次の日にミツバチが元の巣にいる場合があります。夜遊びしていたのか、外でお泊まりしていたミツバチがいるようです。

また、どうしても近くに巣箱を移動しなければならないときは、強引に移動します。そうやって移動させても、巣の中に幼虫のいる巣房がある場合、ミツバチは見捨てて逃げることはないようです。

2km離れても正確に戻るミツバチ

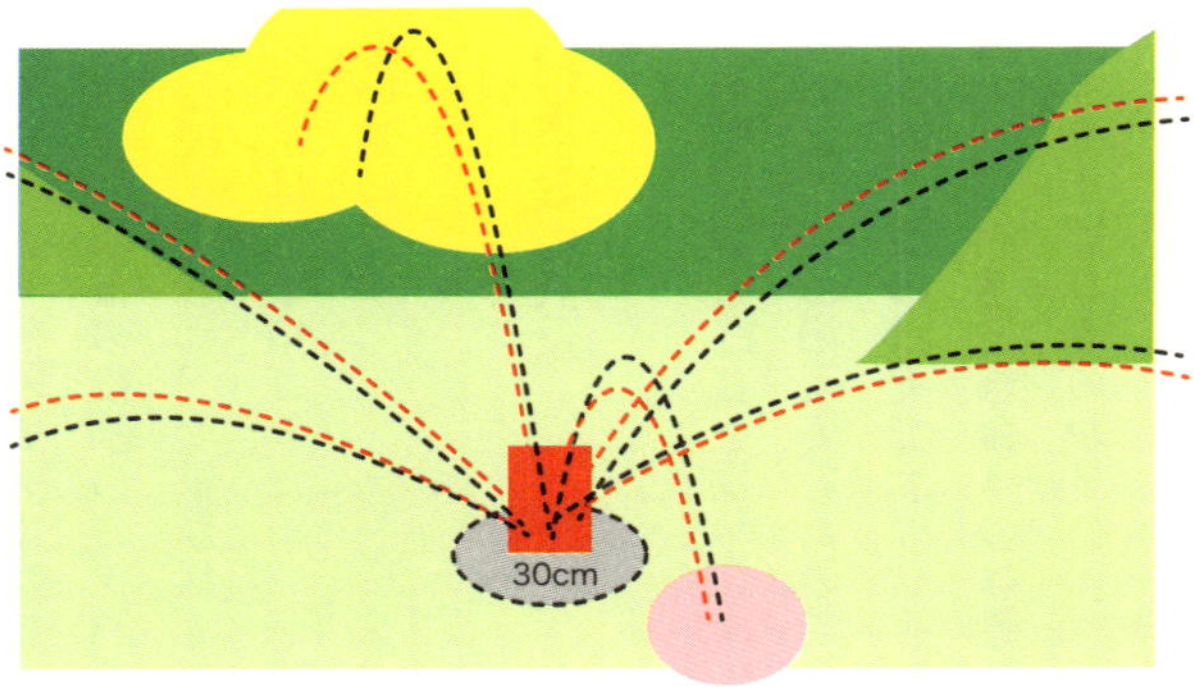

図2 日本ミツバチのGPS

元の巣箱の位置に同じ空の巣箱を置いておくと、不思議そうにその中に入ってきます。でも、中に巣はなく、雰囲気が違うため、出たり入ったりと混乱している様子を見せます。ある程度ミツバチが巣の中に入ったところを見計らって、その巣箱の入り口を塞いで、移動した巣箱の前に持って行き、そこで入り口を開けます。そうすると、移動した巣箱で出入りしているミツバチに同じ匂いを感じるのでしょう。一緒に移動した巣箱へと入っていきます。

ミツバチたちを移動させるには、この作業を繰り返し行います。外に出ていったミツバチが多いと大変ですし、作業が数日に及ぶこともありますが、そうすることでほぼ全部のミツバチを移動させることができます。そして、ミツバチたちは新たな場所の位置情報を覚えて、また行動するのです。

といっても、ミツバチの中には、間違ってよその巣箱に行ってしまうものもいます。巣箱の入り口には門番の役割のミツバチが見張っているので、間違った巣箱に行ってしまって見つかると捕まえられ、攻撃されてしまいます。

ミツバチは、巣箱ごとに匂いが違うようです。女王蜂の匂いで仲間を統率して、また識別もしているのです。

日本ミツバチの増え方

初めて巣箱から蜂蜜を採ったのが、日本ミツバチを飼い始めてから3年目のこと。その頃、ミツバチは12群に増えていたのですが、死んだり逃げたりして、結局3群になってしまいました。一喜一憂の日々です。

日本ミツバチと付き合うのは難しい。どうやって増やすことができるのか？　蜂蜜はどうすればうまく採れるのか？

いろいろな書物を見ても、それぞれの条件や状況が違うため、わからないことばかりです。ただ、蜂蜜は採れなくとも、日本ミツバチの不思議な生態や周りの自然とのかかわりなどが見えてきて、興味は深まっていきます。

ここでは、四季の移り変わりと日本ミツバチのいる暮らしを見ていきましょう。日頃、昆虫と接していない人にとっては、どれも珍しいことだと思いますが、昆虫学者ではない私が「ミツバチの不思議に感動したこと」をお伝えできればと思います。

1 日本ミツバチの群れの構成

まず、ひとつのミツバチの群れ（コロニー）の構成を知っておきましょう。

群れは、1匹の女王バチと約5000〜1万匹、時にはもっとたくさんの働きバチ（メス）で構成されています。そして、年に一度か二度、数百匹の雄バチが現れる時期があります。

女王バチの寿命は約3年といわれ、その仕事は、働きバチの卵を生み続けることです。働きバチは1〜2ヶ月の寿命で、卵を産む仕事以外は、すべて働きバチが行っています。

ところで、「女王バチ」「働きバチ」という言葉を聞くと、「1匹の女王バチのために、すべての働きバチが働かされているの?」と思われるかもしれませんが、実際は女王バチも働きバチとともに、群れが生き残るために一生懸命に役割分担して働いているのです。

ミツバチが誕生するという言葉には、2つの意味があります。

ひとつは、女王バチが産む「働きバチの誕生」です。働きバチの誕生は、卵から幼虫になるまでがおよそ3日、幼虫からさなぎになるまでが6日、さなぎから成虫になるまでが12日かかります。卵から変態（完全変態）して合計21日で成虫へと成長します。短命な働きバチがいなくなってしまうと困るので、巣の中ではいつも働きバチの幼虫を育てています。

そして、もうひとつの誕生は、群れ自体が巣別れして増える「分蜂」です。

2 分かれて増える「分蜂」

2月下旬から菜の花、モモの花、ウメの花が咲き出します。田んぼではレンゲの花、山にはヤマザクラ、ヒサカキ、フジ、アケビ、モミジやシイの木、ツツジの花など、春はあちらこちらで祭りのように花が咲きます。畑では、ダイコンの花やキウイ、ハクサイ、柑橘系果樹の花々、カボチャやキュウリ、スイカなどが見られます。

気温が15度ほどで陽射しがあれば、日本ミツバチたちは勢い良く花を求めて外に出ていきます。気温が20度前後になるとたくさんの種類の花が咲くので、ミツバチの食べ物となる花の蜜や花粉の量も豊富になり、働きバチの数がすごい勢いで増え、群れも大きくなります。四季折々の蜜源が豊かであることが、日本ミツバチの豊かさのバロメーターとも言えます。

春になると群れは大きく膨らむ

巣箱にミツバチが増えた状態

群れが大きくなるこの時期は、働きバチが新しい女王バチをつくる準備をします。王台という丸い巣房を4～6個つくり、女王バチが卵を産むと、王台の中の幼虫に働きバチがローヤルゼリーなどを与えて新女王バチに育てます。そして、新女王バチが生まれる寸前に、巣にいる旧女王バチが働きバチの半分ほどを引き連れて巣を出ていくのです。

毎年、桜の花が咲き終わる頃、巣箱のミツバチは「ヴァー」と大きな羽音とともに、巣門（巣箱の入り口）から連なって次々と飛び出してきます。巣箱の横で立って見ている私は、数千匹の興奮したミツバチの竜巻に巻き込まれます。「ヴァー」という羽音は、50m以上離れていても興奮が伝わるほどの迫力です。

分蜂する場面は、何度見ても感動します。あの雰囲気と迫力は、間違いなく出産（誕生）の場面です。10分ほどすると、ミツバチたちは畑の真ん中にあるアーモンドの木の三つ股に分かれたところに集まってきました。止まる場所を決めたミツバチが、仲間を呼んでいるようです。吸い寄せられるようにみんな集まって女王バチを包み込み、美しい蜂球をつくります。木にぶら下がって静止しているその形と色は、昔、何かに襲われて身につけたのではないかと思うほど、木肌や樹形に擬態して身を潜めているように見えます。

蜂球にそっと手を入れてみると生暖かく、ミツバチが互いにつかみ合いながら幾重ものレースを重ねて丸くしたような空間があります。このときのミツバチは、お腹いっぱいに蜂蜜を貯めて巣から出てきています。

群れは、1匹の女王バチが出すフェロモン（匂い）で統制されていて、異なる匂いを持つ女王バチが巣の中にいると混乱するため、巣には1匹の女王バチしかいないような仕組みになっているようです。巣の中に匂いが違うミツバチがいると、敵とみなして殺してしまいます。

旧女王バチが出ていったあと、巣箱では新女王バチが生まれ出て、残った働きバチとともに巣を継承します。これが「分蜂」と呼ばれる群れの増え方（誕生）です。

観察していてわかったのは、健常な群れは、ひとつの季節に通常3回分蜂することでした。雨が降るなど、天候によってズレることもありますが、概ねそのようなサイクルです。ただ、

日本ミツバチの女王バチ。羽は小さいが、胴体は働きバチの4倍ほど大きい

女王バチが生まれたあとの王台。王台の蓋を開けて新女王バチが誕生する

静かに森に溶け込む蜂球。鳥などに襲われないよう、擬態するかのように静かに待つ

分蜂時のミツバチがいちばんおとなしい。お腹にいっぱい蜂蜜を貯めて巣を出るミツバチたちは、次の巣が見つかるまで必死に耐える

弱い群れや病気の群れは、分蜂しない場合があります。
最初の分蜂で、お母さんの旧女王バチが出ていきます。巣は長女の女王バチが引き継ぎます。その後、7日ほどして長女の女王バチが出ていき、巣は次女の女王バチに引き継がれます。そして2～3日して次女の女王バチが出ていくと、巣は三女の女王バチに引き継がれるのです。

このように群れが分裂して増える様子は、細胞が分裂して増えていくのに似ています。女王バチが細胞核で、たくさんの働きバチが細胞質といえるでしょう。私たちが理解している卵から生まれる「誕生」とは違います。「働きバチの成虫の群れ」が分割して、新たな成虫の群れを産む「不思議な誕生」なのです。

女王バチは、3年の寿命の間に計9回の分蜂をすることになります。すなわち、1匹の女王バチは、その一生のうち9匹の新女王を産み、9個の群れをつくることになります。このミツバチの群れの誕生数は、昆虫としては非常に少ないと思います。

一般に「成体に至るまでの生存率」が低い生物ほど産卵数が多いので、成体の群れで増えるミツバチは、卵から成虫に至るまでのプロセスを飛ばして、生存率を高めているのではないでしょうか。

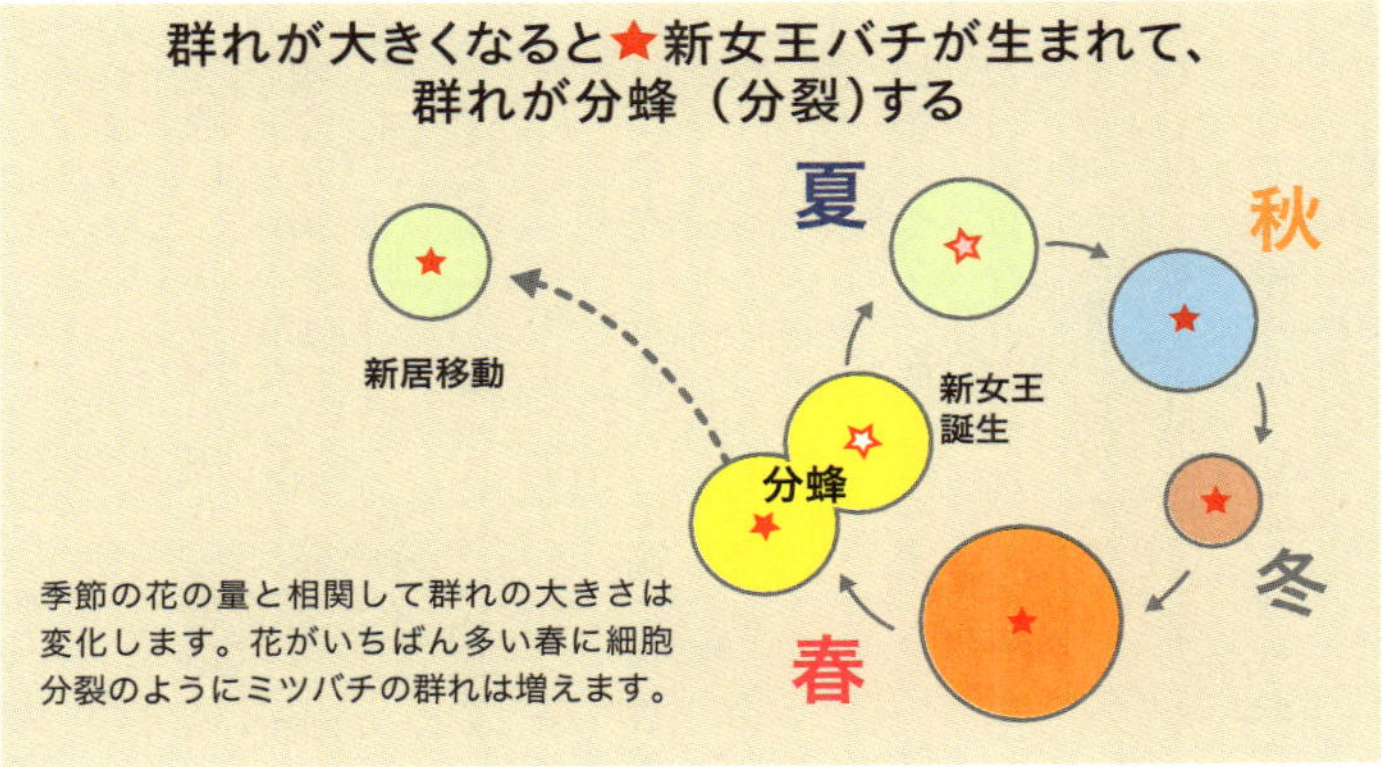
群れが大きくなると★新女王バチが生まれて、
群れが分蜂（分裂）する
夏
秋
冬
春
新居移動
新女王
誕生
分蜂
季節の花の量と相関して群れの大きさは
変化します。花がいちばん多い春に細胞
分裂のようにミツバチの群れは増えます。

図3 日本ミツバチの分蜂周期

ビーフォレスト・メモ ● 孫分蜂《まごぶんぽう》

地域や天候、蜜源植物の多少にもよるのですが、新たに生まれた女王バチが新たな巣をつくり、2~3ヶ月後にも分蜂することがあります。これを「孫分蜂」と養蜂家の間では呼んでいます。勢力が強くて、蜜源環境が良い場合に起きます。

3 偵察バチの家探し

ミツバチが分蜂するとき、巣を出た群れの中には、次の棲み家を探す役割のミツバチがいます。これを偵察バチと呼びます。

偵察バチは、群れが木に止まって蜂球をつくる頃から複数に分かれて棲み家探しに出掛けま

われます。そして、群れに戻ってどの場所がいいかを相談して、最終的に最高の場所を決めるとい

実際に、私の家の周りの巣箱に来る偵察バチの様子を見ていると、最初は1匹のミツバチが巣箱の中や周りを飛びながら物色しています。しばらくすると2～3匹に増えています。そして、これぞと思う場所には、5～10匹以上の偵察バチが集まってきます。仲間に知らせて、「どれどれ、本当に良い物件かな?」と見に来ているようです。

そして、棲み家を決めると、黒い雲のようなミツバチの一団が、大きな羽音をたてながら一斉に飛んできます。巣箱に到着すると、掃除機に吸い込まれていくように、瞬く間に巣箱の入り口から入って行きます。5分から10分経つと、何事もなかったように引っ越しが完了します。

偵察バチが、次の棲み家を見つけられないと、群れは木に止まったまま、いつまでも待機しなければなりません。同じ場所に1週間も蜂球がいたという話を聞いたことがあります。巣が見つからず、屋外で開放巣をつくる羽目になった群れもいましたが、私が住む奈良公園近くでは、寒くて越冬できません。また、スズメバチなどの外敵に対する防御も難しいでしょう。棲み家がないと生き残れないのですから、偵察バチの仕事は、群れが生きるか死ぬかの大仕事なのです。

4 ちょっと悲しい雄バチの役割

新たな群れの誕生は、分蜂だけではまだ完結しません。

毎年3月の下旬に、巣箱の入り口に麦わらのような色をした丸いものを見かけます。雄バチが生まれて巣の蓋が剥がれて落ちたものです。新しい女王バチが生まれる前に、交尾をするための雄バチが産まれるのです。雄バチが産まれてからしばらくして、分蜂が始まります。

日本ミツバチの雄バチは、働きバチよりも一回り大きくて、お尻が丸く黒い色をしています。雄バチには針がなく、蜜を集めることもしません。分蜂したあとの新女王バチと交尾をするためだけに生まれてくるのです。

ちなみに、雄バチの羽音はけたたましく、その羽音に似ているのでしょうか、無人飛行機のドローン（Drone）は、雄バチという意味です。

新しく生まれた女王バチは、棲み家が決まると一週間ほどのハネムーンに出掛けます。天気のいいお昼前後に雄バチらとともに巣を出て、その地域の地形の中で目立った木の上空などに集まって交尾をするといわれています。あちこちから集まった新女王バチは、さまざまな群れの雄バチと十数回交尾をするのです。

違う群れの雄バチと交尾を行うのは、雄バチを通じて多様な遺伝情報を交換することで、自然環境に適応して生き延びようとしているのだと思われます。

精子をお腹いっぱい蓄えた女王バチは、排卵とともに受精しながら、死ぬまで卵（子供）を産み続けるのです。

日本ミツバチの雄バチは、遺伝情報を交換するだけの役割を担っていて、交尾をした瞬間に死んでしまいます。ハネムーンの期間が終わっても巣に残っているのは、交尾ができなかった雄バチたちです。彼らは、やがて1ヶ月の短い命を終えて、巣箱の片隅に固まって死んでいきます。この雄バチを「空飛ぶペニス」と表現した人がいました。まさに儚い命ですが、ミツバチという「種」が生き残るために重要な役割を果たしているのです。

5 ミツバチの巣づくり

新たな棲み家を探した日本ミツバチが至急やらなければならないのが、巣づくりです。ミツバチの巣には、食料貯蔵庫としての役割があります。巣がないと、働きバチは花粉や蜜を採ってきても保管する場所がありません。ですから急いで巣をつくるのです。

次に、子育てする場所の確保です。ミツバチの巣づくりは、ミツバチの腹部の蝋腺《ろうせん》から蝋《ろう》を出して、正六角柱をいくつも並べたハニカム構造の白い巣を、端の方から急ピッチでつくっていきます。巣の材料である蝋を1gつくるためには、10gの蜂蜜が必要といわれます。

働きバチと黒いお尻をした雄バチ

分蜂の前に雄バチの巣房の蓋が落ちる。雄バチが生まれると、女王バチが生まれるのはもうすぐ

分蜂間近の巣箱の様子。忙しく働いている雌の働きバチのそばで、新女王バチの誕生を待つ雄バチたち

他の昆虫とは異なるミツバチの特性

1 ミツバチは生物を食べない

動物や昆虫は、他者の命を「食べる」（食物連鎖）ことで生きているといわれます。チョウですら、青虫の頃にキャベツなどを食べて成長します。クモやトンボやカマキリ、カエルもみんな、他の生命を食べて生きています。ところがミツバチは、その名の通り、食べるのは花の蜜と花粉です。それは生き物ではないのです。日本ミツバチは、他者の命を奪って食べない「他者犠牲しない昆虫」だと気づいたとき「やっぱり優しい昆虫なんだ！」と合点がいきました。たくさんの草木の花に授粉して花の蜜と花粉をいただく、このような生き方を「共生」と呼ぶのでしょう。

私が住む奈良公園周辺では、春は蜜源植物（花を咲かせて蜜を出す植物）がたくさん花を咲かせます。しかし、夏になると蜜源植物の種類は減ってきます。それでもウツギやタラノキ、カラスザンショウ、サルスベリ、アイビー、ヤブガラシなどが咲き、山ではムクロジなどの花が咲きます。また、秋にはハギやクズ、セイタカアワダチソウ、サザンカ、コスモス。でも、花はだんだんと少なくなっていきます。

季節ごとに咲く花を訪れた働きバチは、花の蜜を採って巣に帰り、保管する巣房に待ち受ける働きバチに口移しで渡します。採ってきた花の蜜は糖度が約5〜20度と低いので、働きバチはその蜜を四六時中、羽を震わせ水分を気化させて糖度を高めます。花の蜜を口移しにするときにミツバチの酵母菌が混ざり、気化とともに発酵熟成することで、抗菌作用のある生きた蜂蜜になるのです。

蜂蜜は、糖度が78〜80度になると安定して腐らないので、働きバチは糖度を高めてから蝋で蓋をします。

このように、花の蜜を濃縮して「蜂蜜」にして蓄えます。花粉はタンパク質なので、幼虫や女王バチの食糧となります。

ビーフォレスト・メモ　ミツバチの不思議な行動

日本ミツバチと一緒にいると、時々不思議な行動を目にします。驚いたのは、我が家の畑のレタスの柔らかい中央部分をかじっていたことです。その頻度や量からみると、食料として集めているのではなく、植物から何かの成分を集めているように見えます。

同様の行動として、犬の尿や牛フンなどの堆肥にたかったり、また、汗をかいた人の腕に止まって何かの成分を採取しているように見受けられます。たぶん、蜂蜜を加工する段階で必要な発酵成分や私たちの腸内細菌のような微生物を、体内に取り込んでいるのではないかと想像しています。

2 今だけを生きていない昆虫

花がたくさん咲く季節にミツバチは蜂蜜を貯めますが、その保存食の蜂蜜をどのように消費しているかを見てみると、不思議なことが浮かんできました。

蜂蜜を一度にたくさん使うのは分蜂するときです。女王バチとともに半分ほどの働きバチが出ていきますが、そのときにお腹いっぱいに蜂蜜を入れて出ていきます。新たな巣が見つかるまでの食糧と、巣が見つかったあとの巣作りにも必要だからです。

次に、蜜源植物が少なくなる季節や、寒くて活動できない冬に蜂蜜を消費しています。保存食の蜂蜜づくりが「将来を予測した行動」であるとしたら、そんなことができるのは、動物や昆虫の中でもごく稀なのではないでしょうか?

ほとんどの生物は「貯蓄」ができませんから、今を生きているように思います。しかし、日本ミツバチは、蜂蜜をつくる（貯蓄する）ことによって、未来の変化に対応をしている昆虫です。「時間軸」を持って生きている、非常に高度な生き物だとわかってきました。

ちなみに、蜂蜜の糖度が約75度以下と低い場合は、生のお酒と同じように徐々に酸化してお酢になっていきます。

市販されている蜂蜜のほとんどは、生産の段階で薄い蜂蜜が混ざるので、純粋蜂蜜といっても、お酒のように60度ほどで加熱して発酵する菌を殺します。

また、蜂蜜のほとんどが輸入品になっていて、一部の高級蜂蜜は温度管理できるタンクに入れて移送されたり、空輸されたりしますが、通常発酵しないように事前に加熱処理をしてから輸入されるようです。このために日本では、蜂蜜は「加工食品」という扱いになっていて、販売するには保健所の届出許可が必要となっています。

ミツバチたちが食べている自然のままの生きた蜂蜜は、なかなか手に入れるのが難しくなってきています。

3 冬眠しない日本ミツバチ

日本ミツバチは、寒い冬の間も冬眠しないで活動する珍しい昆虫です。晩秋からサザンカやビワ、ツバキ、アセビの花が咲き、2月に咲くウメの花には、小鳥や日本ミツバチが訪れて授粉しています。日本ミツバチは、気温7～8度の寒い日でも、巣箱に陽の光が当たれば、花を探しにどこかへ出掛けていきます。

スズメバチなどの「狩りバチ」は、晩秋に新女王バチだけが生き残って、枯れ木の隙間に潜り込んで冬眠します。また、アリなどは、巣の中でじーっとして活動しません。

日本ミツバチは、貯めていた蜂蜜を食べながら長い冬を越します。冬の間は、仲間をあまり増やさないので、群れは少しずつ小さくなっていきます。

また、厳しい寒さが長く続くと蜂蜜が足りなくなって、ミツバチは死んでしまいます。巣箱の中を見ていると、貯めていた蜂蜜がなくなるかどうかのギリギリの状態で春を迎えています。

寒い日に巣箱に近寄ると、蜂蜜を盗られると思うのでしょうか、近くまで飛んできて威嚇してきます。ミツバチたちは必死に生きているのがわかります。巣箱の中をあまり見ないようにして、そっと見守ります。

4 体温を変化させられる昆虫

私が住む奈良市の冬の最低気温は、マイナス5度になることがあります。日本ミツバチが棲む寒い地方では、マイナス10度以上の寒い日も珍しくありません。そんな中でも、日本ミツバチは巣の中で丸く固まって起きています。

サザンカに訪れる日本ミツバチ。ほとんどの昆虫が冬眠する中、年中働き続ける日本ミツバチ

早春に咲く梅に、日本ミツバチが訪れる。日本ミツバチは梅栽培になくてはならない存在

では、なぜ日本ミツバチだけが冬眠しないで冬を越せるのでしょうか？

理由は、２つあると思います。

ひとつは、ミツバチが体温を変化させられる昆虫だということ。昆虫は、気温によって体温が変わる変温昆虫（変温動物）ですが、ミツバチだけは群れの温度を約34度に保つことができる恒温昆虫（恒温動物）化するのです。

そこで、私は実際に温度を測って確かめることにしました。巣箱の横から穴を開けて、巣箱の群れの中に温度計を差し込み、外気温度とともに群れの中の温度を52回測定しました。

その結果、外気温は季節変化とともに上下しますが、群れの中の温度は平均約32度を保っていました。外気温が低い日に群れの中の温度が下がっている測定値は、群れが小さくなったり動いたりして温度計がズレたために、群れの温度が正確に測れていない日です。

ミツバチは、年中、巣の中の群れの温度を一定に保つようにしています。外気温が35度近くになる暑い夏、ミツバチは巣箱内温度を下げるために、羽で巣箱内に送風したり、水を巣箱内に運んで気化させたりして温度を下げます。また、寒い冬は、筋肉を振るわせて熱を出し、群れの中の温度を32～34度に保つようにしています。幼虫を育てるにも一定の高い温度が必要なようです。

冬眠しない理由の2つ目は、蜂蜜をつくって冬場の食糧を貯蔵できるからです。この項目の「2」で紹介したように、日本ミツバチは花が少なくなる季節などに備えて蜂蜜をつくって貯蔵します。将来の準備ができる昆虫なのです。

寒い時期は熱を出して巣を暖めなければいけないので、たくさんのエネルギーが必要です。日本ミツバチは、そのために蜂蜜というエネルギー源をつくって、貯蔵するのです。

アリなども食糧を貯蔵することはできるようですが、変温昆虫なので、寒い冬場は活動を停止しています。

このように、日本ミツバチは恒温昆虫化して、寒い冬でも活動できるので、冬に花を咲かせるツバキやアセビ、ビワなどの木々が日本の森に生まれたのだと思います。

日本ミツバチの群れは、年中一定の温度を保っている

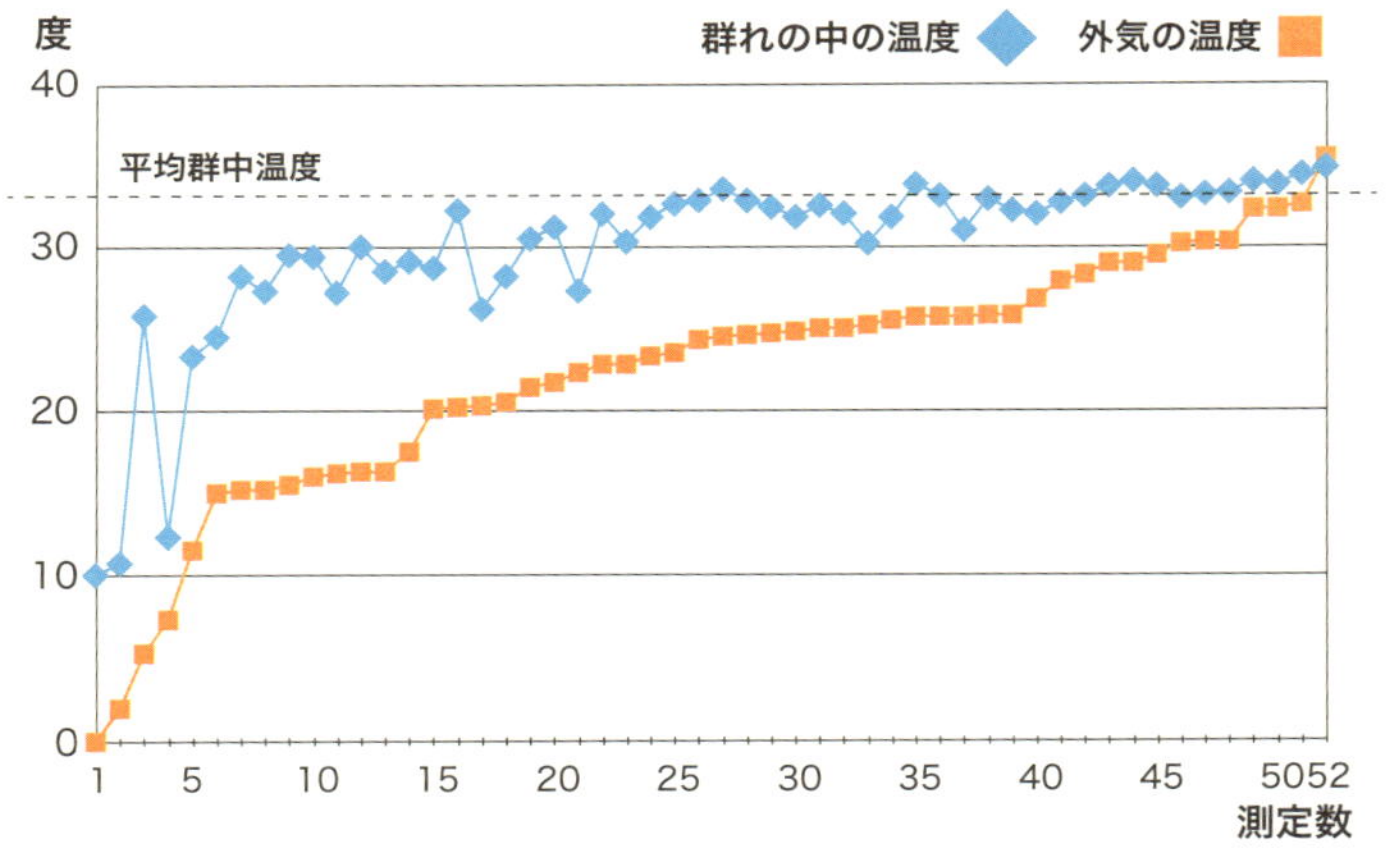

図4 日本ミツバチの巣箱内と屋外の温度変化

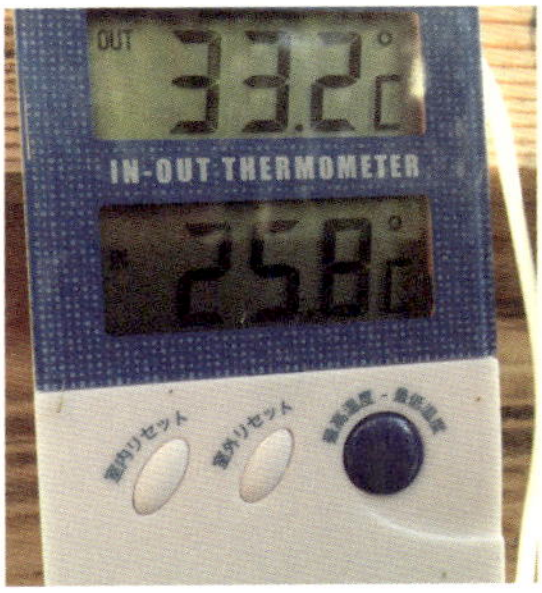

外気温25.8度、群れの中の温度は33.2度

寒い冬、巣の中の様子。巣の中のミツバチは、温度を保とうと丸くなっている

ミツバチの群れは、まるでひとつの生命体！

日本ミツバチの群れの構成は、女王バチと働きバチ、時として雄バチがいて、それぞれに役割があり、これを「ミツバチのカースト」と呼んでいます。

たくさんの日本ミツバチの群れを管理していると、ミツバチの不思議な行動に出合います。よく見かける場面は、ミツバチが群れで移動するときに、飛び越えなければ渡れない空間があったとすると、そばにいるミツバチたちは率先して、自分たちが橋になってその上を仲間が通れるようにします。また、分蜂時の蜂球を形成するときも、自然に塊になる行動をしています。この他にも、子育てや巣の中の掃除、蜜を採ってきて保管するなど、さまざまな仕事を役割分担しながら順々に担っていきます。

このように秩序だった組織行動をする昆虫を「社会性昆虫」と言いますが、この秩序あるミツバチ社会をどのように築いているのか、昔の賢人たちの多くがその謎を解き明かそうとしてきたようです。

私が特に驚いたのは、ミツバチが人や動物などを一度刺すと、自分自身が死んでしまうと知ったときです。ミツバチのお尻の針には、釣り針のように返しがあって、刺すとそれが引っかかって抜けないのです。無理矢理抜くとお尻がちぎれて死んでしまいます。ミツバチにとっての針は、命懸けの武器なのです。

このように日本ミツバチの幾つもの不思議な生態を見ていると、どうしてそんなことができるのか？　なぜ、そうしなければならないのか？　がいつも気になっていました。個々のミツバチが自主的に動いているというよりも、群れ全体が見えない何かで繋がって統制されているのを感じます。

そう考えると、1匹の女王バチと1万匹の働きバチで構成される群れは、実は「ひとつの生命体」かもしれないという思いが浮かび上がってきたのです。1匹の不思議な動物（生物）として捉えると、すべてが繋がって見えてきます。

一体感のある行動を取る生命体。率先してロープのようになる日本ミツバチ

たとえば、ミツバチは一度刺すと自分自身が死んでしまいますが、人間は顔面（急所）などに石が飛んできたとき、無意識に手で顔を覆ったり、石を手で払ったりします。そのとき、手は負傷しますが顔面は守られます。働きバチは、女王バチや幼虫などを守るために「手」となっ

て命懸けで守ろうとするのではないでしょうか。ミツバチたちが個々の役割を自動的に担うカーストも、人体の各器官が役割を担っているのと同じように見えるのです。

また、人体を構成している何十兆個の細胞は、1～3ヶ月で消えては生まれることを繰り返しながら維持されています。ミツバチの群れも同じように、1万匹の働きバチは、細胞のように1～2ヶ月のサイクルで順番に消えては生まれることを繰り返していると捉えることができます。

1匹の女王バチが、卵を産み続けて常に新陳代謝しながら群れ（細胞）を維持してバランスを取っていると考えられるのです。

そのため、女王バチが死ぬと働きバチを産めなくなるので、群れ全体が維持できなくなって消えて（死んで）いくのです。即ち、女王バチの寿命が群れの寿命であるということになります。

1万匹のミツバチは個々に活動しているように見えながら、実は連携して、女王バチを核として生きています。

私は、そのミツバチの群れを「ひとつの生命体」と考え、「スーパーコロニー」と呼んでいます。

スーパーコロニーとして見ると、ミツバチの不思議な生態やその仕組みがわかってくるように思います。ただ、私たちが認識しにくいのは、生物（昆虫や動物）に対する「命」のカタチの概念です。私たちは、生物の命は個別にひとつの命があると思い込んでいるので、理解しにくいのかもしれません。

このように「日本ミツバチの不思議な命のカタチ」を信じている私は、自然養蜂においてもスーパーコロニーたちを意識するようになりました。そして、これまでにも増して日本ミツバチへの興味は深まっていきました。

また、それは生物としての「不思議な日本ミツバチ」をどのように伝えられるか、難しいけれど楽しいテーマに出合えた喜びでもありました。

ビーフォレスト・メモ　スーパーコロニー

たとえば、１本の竹が地下茎で繋がって大きな竹林になっているものや、アメリカのオレゴン州にある世界一大きなキノコ「オニナラタケ」(*Armillaria ostoyae*)は、総面積８・９平方km（８９０万平方ｍ）で推定６００ｔといわれます。同じ菌糸が地下で繋がってできている植物なども、同じＤＮＡ植物のコロニー（集団）です。そのコロニーが、ミツバチのようにひとつのスーパーコロニーとしての活動を行っているかはわかりませんが、ミツバチと同様に、個々の命がひとつのスーパーコロニーを形成している世界があるということです。

第3章

自然養蜂家を目指そう！

自然養蜂が教えてくれる森との共生

半自給自足的生活を目指すには、自然農法で食料の自家消費分はほぼまかなえるにしても、幾らかの現金は必要です。かといって、手間が掛かる自然農法のお米や野菜をつくって販売しても、たくさん生産できないので、あまり利益は見込めません。これを仕事にするのはなかなか難しいと思いました。

そこで、短絡的に蜂蜜を販売することはできないかと考えました。ただ、どの程度の量の蜂蜜が生産できるかは予想できません。

あれやこれやと考えている間にも、自由に生きる日本ミツバチを見るにつけ、彼女（働きバチ）らとの養蜂を目指す思いが募ってきました。

日本ミツバチ養蜂でいちばん難しいのは、野生の日本ミツバチを野山で捕獲することです。捕獲して、その場でミツバチが蜂蜜を貯めるのを待つか、営巣した巣箱を蜂場に移動して管理するかのいずれかになります。

本来、日本ミツバチは森の大木の空洞などに棲んでいます。ミツバチを捕獲するには、その空洞の代わりに巣箱を森のあちこちに置いて、ミツバチがやってくるのを待つのです。渡り鳥であるツバメがやってきて巣をつくるのと似ています。

ツバメは、どこにでも巣をつくるわけではありません。出入りがしやすく、雨風を防ぎ、ヘビやイタチなどの外敵が来ない安全な軒下などを選びます。日本ミツバチも、営巣する巣箱や場所を、いろいろな角度で選ぶようです。

養蜂を始めた当時の私には、どのようにしてミツバチたちが巣箱や場所を選ぶのかわかりませんでした。そのような経験や知識、技術がまだまだ足りませんでした。

本で調べたり、日本ミツバチ養蜂家の集いなどに参加して、たくさんの養蜂家の話や事例をお聞きしましたが、趣味でやっている方が大半なので、知識や経験は「帯に短かし、たすきに長し」でした。しかし、調べていくと、海の漁法と同じように、伝統的な養蜂技術が地域ごとに伝わっていることがわかってきました。

私は、自然農法と同じように、自然に委ねた「自然養蜂家」を目指すには、日本ミツバチ養蜂の先達を探して、実際の現場の話を聞くことが必要だと思いました。

その昔、日本ミツバチの蜂蜜を採るときは、ミツバチが生き延びるように採る量を加減していたといいます。２０１０年、和歌山県の古座川を訪れたときに村の人にこの話を聞き、２０１１年の夏、それを実践しているという養蜂家を訪ねました。古座川の滝ノ拝より山奥にお住まいの、「養蜂家の前さん」こと前進一郎さんです。所在を探して訪れたのですが、見ず知らずの私と妻を温かく迎え入れてくれ、いろいろ教えていただきました。

そのとき、前さんは日本ミツバチを50群ほど管理され、昔ながらの伝統養蜂を継承されていました。丸太をくり抜いた洞式巣箱を使用して採蜜する場合も、ミツバチの様子を見ながら、蜂蜜が十分に溜まった巣箱からしか採りませんし、ミツバチが生き残ることに配慮して、半分ほどを採蜜していました。そして、ミツバチのために森にトチノキなどの蜜源植物を仲間と植樹しているというお話も伺いました。

やはり森とともに生きる人たちは、単に蜂蜜を採るだけではなく、自然養蜂とも言えるミツバチと森との共生を考えてきたのだと感心しました。

前さんは、洞式巣箱での採蜜の方法や工夫して作った道具なども、気さくにいろいろ見せてくださいました。ところが、前さんがいちばん饒舌に話されたのは、なんと「紀州犬」を育てる話でした。

山でシカやクマやイノシシの狩猟をする場合に、いちばん必要なのは優秀な猟犬だそうです。その中でも優秀な紀州犬は、1匹でもクマやイノシシを追い詰めてくれるとのことです。猟師にとって、猟犬がどれほど重要かを説明していただきました。そして、「自分が育てた紀州犬は、家一軒分の額で売れた」とのこと。昔はそれくらい狩猟に価値を求めた時代が

詳しく巣箱の説明をしてくださった前進一郎さん

山奥の養蜂巣箱風景

あったと、懐かしそうに話されていたのを思い出します。狩猟をしながら猟犬を育て、ミツバチと森と共生している前さんは、自然養蜂の名人です。

前さん以外にも、自然養蜂家を探して、奈良県の十津川村や和歌山県の山奥の養蜂家を訪ね歩きました。昔ながらの養蜂家は、みなさん同じように森に囲まれて住んでいます。そして、小さなミツバチの巣からは採蜜をしません。森とともに生きる姿勢が、自然養蜂家には共通していました。

2018年7月、再度、古座川の源流域に自然養蜂家を訪ねました。残念なことに、前さんはすでにお亡くなりになっていました。別の養蜂家の方を訪ねて、現在の古座川の日本ミツバチの養蜂や生息状況をお聞きしたところ、2017年から、山奥の古座川源流域でミツバチが減少する問題が起こっていること、高齢化で養蜂をやる人が徐々に減っている一方、蜂蜜を販売するようになってから、養蜂がさらに盛んになってきたことなど、状況が変わってきたようでした。ただ、たくさんの巣箱を設置するようになったことで、巣箱の盗難や、蜂蜜を盗られるなどのトラブルが、山奥でも発生するようになったとのことです。

また、採蜜についてお聞きすると、今は洞式巣箱の巣は全撤去され、ミツバチのために蜜を残す採り方をする方は年々少なくなってきたそうです。「子供や孫に送る蜂蜜と販売する蜂蜜が必要だし、わしらはもう歳だから、ミツバチのためにというよりは、蜂蜜を採る楽しみを失いたくない」とのことでした。**紀伊半島の自然豊かな山奥でも、だんだんミツバチと森と人が共生できなくなってきていると感じました。**豊かな自然が失われていくように、人の心にも余裕がなくなってきているようです。

目的に合った巣箱づくり

自然養蜂家の視点で、日本ミツバチに関するさまざまな養蜂の考えや技術を見てきました。**やはりいちばん難しく重要な養蜂技術は、いかにして日本ミツバチに営巣してもらうかです。**日本ミツバチはどのようにして巣箱（棲み家）を選んでいるかを想像してみると、幾つかの要素が浮かんできます。

ひとつは、設置するタイミングを逃さないこと。

ミツバチは野山に花がいっぱい咲く頃に増えて分蜂するので、巣箱はその時期までに置いておく必要があります。

ミツバチは遠くの山の向こうに咲く花の匂いをかぎ分けているようで、非常に匂いに敏感です。新しい巣箱は充分に乾燥させて、野山に仮置きして自然の匂いになじませる必要があります。

また、巣箱を設置するときに周りの草木を切ったりする場合がありますが、しばらくは違和感のある匂いが出るので、自然になじむ時間を考えて準備した方がいいと考えます。

２つ目は、設置の場所と巣箱の向きを考えること。

ミツバチが出入りしやすいように、少し高い場所に入り口をつくります。そして、巣箱の向きは朝日が当たる東向きから南向きが理想的です。一日の活動は朝日とともにあります。人間が家を建てる場合の玄関の向きと同じだと思います。

３つ目は、巣箱には蜜蝋を塗ってミツバチの注意を引くことです。

蜜蝋は、日本ミツバチの巣を溶かしてゴミを取り除きます。そうすると黄色い蝋の塊になります。それをバーナーで炙って溶かしながら、巣箱の入り口や床、壁、天井と塗っていきます。

巣箱に日の光が当たると、野に咲く花のように微かに蜜蝋の匂いが漂います。それをミツバチは感知できるのです。

４つ目は、巣箱を清掃すること。

巣箱を置いておくと、アリやクモ、ヤモリなどが巣をつくる場合があります。そうするとミツバチが巣を見に来たときに食べられるか、危険を感じて近寄らなくなってしまいます。ですから、定期的に掃除をする必要があります。

５つ目は、目的にあった巣箱を設置すること。

伝統的な日本ミツバチ養蜂には、大きく3つの巣箱の形式があり、採蜜方法も違います。昔からある丸太で造った「丸洞巣箱」（ゴウラとも言う）、巣枠を重ねた「重箱式巣箱」、そして四角の巣箱をヨコに寝かせた「ヨコ置き式巣箱」です。

丸洞巣箱

野生の日本ミツバチの営巣を促す巣箱は、自然の木の空洞に近い丸洞巣箱がいちばん適しているようです。直径40 cm以上、高さ50 cm以上の丸太の中をくり抜いて筒状にしたものに、底板と天井を付けた形式です。採蜜するには、巣の一部、または全部を切り取ります。ミツバチの巣は上から蜂蜜域、花粉域、幼虫域で構成されていますので、採蜜時に蜂蜜が垂れて

巣箱の種類

昔からある丸洞巣箱

採蜜しやすい重箱式巣箱

コンパクトなヨコ置き式巣箱

自然巣の構造イメージ

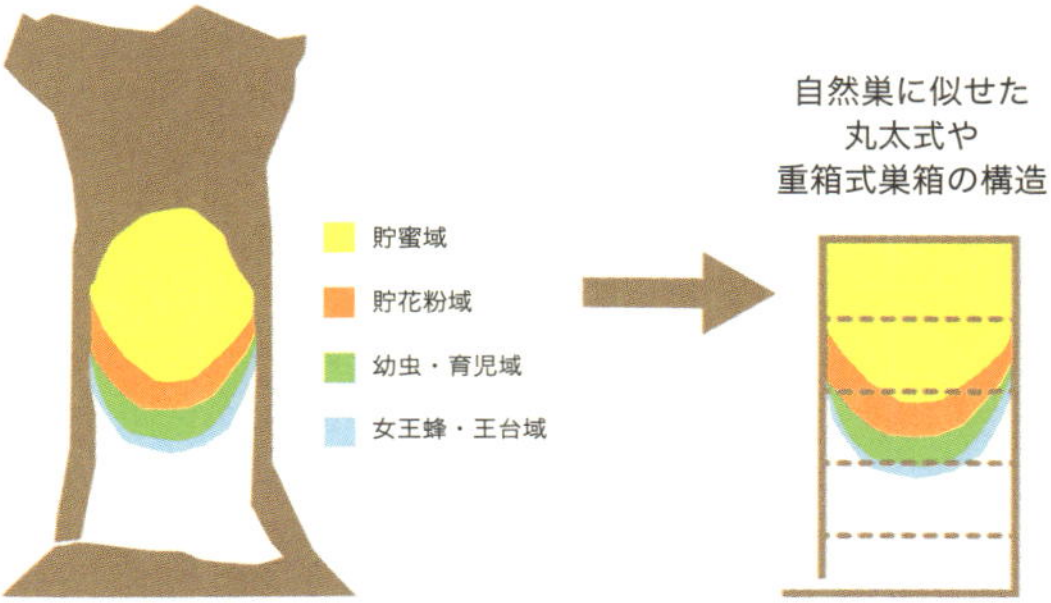

図5 森の木の空洞と巣箱につくるミツバチの巣

働きバチや、時には女王バチに付着して死ぬことがあります。蜂蜜部分だけを上手に取り出すにはテクニックが必要です。

重箱式巣箱

重箱のように、巣枠を重ねてひとつの巣箱にした形状です。採蜜は、巣箱の上の方に蜂蜜域があるので、いちばん上の巣枠を外して採蜜します。日本ミツバチ養蜂では、最も普及している方法です。

ヨコ置き式巣箱

奈良県の山間部でよく見かけますが、四角の巣箱をヨコに寝かせた形式です。奥から垂れ下がるように巣ができています。採蜜は、後ろの蓋を開けてミツバチを奥に追いやり、垂れ下がった巣を切り取ります。丸洞巣箱と同様に、蜂蜜域、花粉域、幼虫域が混ざった巣を取るので、幼虫を殺してしまうことが多くなります。ただし、採蜜時に働きバチや女王バチが死ぬリスクが少ない巣箱です。

養蜂家を目指して100個の巣箱をつくる

養蜂家を訪ね、学んだ養蜂技術を実際に試し、ミツバチや自然環境のことを勉強しながら自然養蜂の道を探っていくうちに、野生の日本ミツバチと森が繋がっていることがわかってきた私は、「本格的に日本ミツバチの養蜂家を目指そう！」と思うようになりました。そこで、ミツバチをもっと増やそうと、20個あった巣箱に加え、新たに100個の巣箱をつくりました。

日本ミツバチは野生の昆虫ですから、野山で捕獲しなければなりません。100個の巣箱を、日本ミツバチに営巣してもらえそうな野山に置いて捕獲します。10～20個程度の巣箱の設置では見えない問題や課題と向き合うことが、養蜂家を目指すには重要だと考えたからです。

巣箱もいろいろな素材でつくりましたが、コンパネ（合板）の巣箱でもミツバチは営巣し、越冬もしたので、春先までにコンパネの巣箱をつくり、2月から3月末の間に野山に置きに行きました。1ヶ所に2～5個の巣箱を設置しますので、30ヶ所ほどの場所を確保する必要がありました。

巣箱は、奈良公園の南部、春日山原始林の山麓の我が家を中心に、東西20km、南北30kmの範囲に置いたのですが、山や畑の持ち主に許可をもらうのが一苦労でした。そのために約半年前から、妻と知らないお宅に飛び込みでお願いして歩きました。雑木の山、果樹園や人工林、クヌギの林、大きな庭など、さまざまな場所に置きました。

日本ミツバチは、桜の花が咲く頃に新たな女王バチが産まれて分蜂します。私のいる奈良公園付近では、毎年4月初旬から5月初旬までの約1ヶ月の間に分蜂が起きています。

コンパネ巣箱を置いて待つこと2ヶ月。その間に営巣したのは結局5群でした。巣箱全体の5%です。想定した15〜20群からはほど遠い成果でした。がんばったのですが、成果が上がらずがっかりです。

なぜ営巣率が低かったのかを考えたところ、いくつかの要因が思い浮かびました。ひとつは12mmの巣箱の板が薄過ぎたこと。2つ目は、巣箱に塗る蜜蝋が少なかったこと。3つ目は、設置する場所や設置の仕方が適していなかったこと、などです。

このように、初めての大量設置によって改善課題を考えましたが、もう一度やり直すだけの確信は、まだ持てませんでした。

日本ミツバチがいる地域といない地域

悶々として夏を迎えようとしたときに出会ったのが、奈良県桜井市穴師の元大工の棟梁で、日本ミツバチの捕獲名人の上田育男さんです。あるミツバチの勉強会でお会いして、捕獲や巣箱などについてお聞きすると「教えたる！」と気軽に誘っていただき、その夏から、巣箱づくりと巣箱設置のときの蜜蝋塗りなどを半年かけて教わりました。

上田さんは大工さんだけあってきちっとした性格で、巣箱もきちっとしたつくりです。ミツバチは匂いに敏感なので、巣箱の位置がわかるように、また安心感を与えるために巣箱には蜜蝋を大量に塗ります。上田さんは、驚くほどたくさんの量を塗っていました。

巣箱は、杉の原木を桜井市の製材所で切ってもらい、その板を3ヶ月ほど干してから巣箱の寸法に切っていきます。外枠幅が30cmで高さが15cm、厚みが25～30mmの重箱式巣箱です。入り口も上田さん仕様でつくります。最終的には、各自の考えや好みで変えていきますが、私は習うことは真似ることと考えているので、それに徹しました。

300坪もある製材所の一角をお借りして、雪降る冬も、時に妻の協力も得ながら、翌年2月に新たに130セットの巣箱をつくりました。そして、2回目の大量巣箱設置として、

3月中に巣箱を前年と同じような範囲で設置しました。東西20km、南北30kmの範囲です。前年の設置でミツバチが入った巣箱のことを思い出しながら、ここ1年でいろいろ学んだ設置場所の選定や方法で設置したのです。

4月初め、あちらこちらの知り合いから分蜂の便りが届きます。我が家の巣箱もどうなったか気になりますが、4月の中旬に一気に見回るまでは近場だけの偵察です。新たな巣箱を5月中旬に見回った時点での営巣は、130巣箱中、20箱（群）ほどになりました。営巣率16%。まずまずの成果です。既存の巣箱の分蜂と消滅した巣箱を含めると、40群近くになりました。

130巣箱中、営巣した20群について、入った地域と入らなかった地域を比較してみました。森と緑が多い住宅地域や自然林と畑が多い地域には、設置した巣箱の約20～30%に営巣していました。また、奈良公園、春日山周辺では約30%と高く、そして、営巣率が0～10%未満の低い地域は、田んぼやスギ、ヒノキの人工林が大半を占める地域や梅林、柿畑などの果樹園が集中している地域が多いという結果でした。

2回目の巣箱設置でわかったのは、

・田んぼとスギやヒノキの人工林が多い地域は、花の蜜を出す草木が少ない地域。日本ミツバチの食料が少ない地域では、日本ミツバチの生息密度が低い。
・梅林や柿畑などの果樹園が多い地域では、農薬の影響からか、日本ミツバチの生息密度が低い場合が多い。

ということでした。

この経験によって、日本ミツバチのようなポリネーター（送粉者）の生息は、自然環境の変化によって大きな影響を受けるという考えに至ったのです。

養蜂家を訪れて養蜂技術や考え方を学ばせていただきましたが、養蜂家のみなさんはその地域のみで行っているため、ミツバチの営巣率が自然環境の違いによって大いに異なるということは、この2回目の巣箱設置で初めて確認できました。

このことを踏まえて、翌年の3回目の大量巣箱設置は、営巣率の高い場所で、50個ほどに限定して置きました。結果、営巣率は40％（約20群）と格段に高くなったのです。

やはり、地域ごとに草木の花の量と授粉する日本ミツバチ（ポリネーター）の生息に相関関係があるということです。また、**人工林などの森林環境が、日本ミツバチにとっては大きなマイナス影響を及ぼしている**ことも実感したのです。

私は、20歳頃から渓流のアマゴ釣りを始めて、近畿地方の川の源流部を釣り歩いています。

アマゴ釣りでいくつもの渓谷を歩いてみると、自然林の多い山の源流部に魚が多いことがわかってきます。自然林の多い森には虫がたくさんいて、魚たちはそれが川に落ちて流されてくることを知っています。また、雨が降ると落ち葉や腐葉土とともに、ミミズなどのエサも流れてきます。落ち葉は、川底に棲むカワゲラやトビゲラ、カゲロウの幼虫など水生昆虫のエサになります。上流部に落葉広葉樹林が多い川には、川虫がたくさん生息するのです。

魚はエサの多い川にたくさんいます。反対に、人工林ばかりの川には水生昆虫のエサになる落葉がないので川虫が少なく、エサが少ない川にはアマゴも少なくなるのです。これは、釣り人に聞けばみなさん経験的に知っていると思います。渓流釣りの上手な人は、魚を釣ることはもちろんですが、それよりも川虫が羽化する時期や、雨が降ると上流からエサが流れてきて魚の活性が上がることなど、魚と川と森の変化を読み解くことができる人なのです。

自然養蜂家の役割は、豊かな森をつくること

日本ミツバチと出会って5年が経つ頃には、ミツバチを野山で捕獲しなくても、春日山原始林周辺の蜂場で自然養蜂ができるようになっていました。

観察してわかったのですが、１００群いても同じような群れはいません。群れの大きさや

勢い、巣のつくり方やカタチ、成長するスピードなど、人間と同じようにすべて違います。
また、みんな同じように見えるミツバチの身体も、よく見ると大きさや色が若干違っているのがわかってきます。きっと性格も違うのかもしれませんね。

私は、すべての巣箱の中のミツバチの様子を、定期的にカメラで撮って観察しました。そして、蜂蜜を十分貯めた強い群れからしか採蜜は行いませんでした。

実際に自然養蜂をやっていくと、ミツバチは逃げないし、死ぬことなく、毎年倍々に増え、やがて全部の蜂場で100群を超えるほどになりました。そうなると、だんだんと巣箱づくりも追いつかなくなり、置く場所もなくなってきました。

自然養蜂に慣れてくると、日本ミツバチの生態や森との関係など、いろいろなことが見えてきました。おかしな話ですが、自然養蜂で蜂蜜を採ることが「養蜂」ではないことが次第にわかってきたのです。

私がやっている日本ミツバチの自然養蜂は、自然農法で農作物をつくるのに似ています。
カボチャやジャガイモを植えておけば、いつの間にか育っているのと同じように、森に置いた巣箱に日本ミツバチが営巣して、いつの間にかミツバチたちが働いて蜂蜜が溜まっていた！という感じです。**日本ミツバチは家畜ではないので、餌もやらないし、薬剤投与や消毒などもしません。**勢力の強い群れは自然に増えるし、弱い群れはどうしても死んでいきます。健全な自然環境であれば、農作物と同じように、必要以上に手をかけることはありません。ですから、**蜂蜜を採るのは、森で木の実やキノコを採るような「狩猟採集」という感じ**です。

では、「養蜂」をしない自然養蜂家は、いったい何をするのでしょう。

私は、ミツバチから蜂蜜をいただく代わりに、「人とミツバチと森との共生関係を築くこと」が、自然養蜂家の仕事だと思えてきたのです。そのためには、**ミツバチが生息しやすい豊かな森づくりが重要**だと考えるようになりました。

「森のいのち」を詰め込んだ「天恵蜜」

生活費の一部を蜂蜜の販売で賄なえればと漠然と考えていましたが、本格的に商品化した動機は、私が自然養蜂をしている春日山原始林周辺が、ミツバチたちが快適に暮らせる、本当に豊かな地域だとわかったからです。

日本ミツバチは、草木の花の蜜と花粉を集めて生活します。そして、花の蜜を濃縮して蜂蜜をつくるのですが、ミツバチにとって何が豊かな環境なのかを考えると、一年中花が咲き誇る自然環境があることです。

私が住む「高畑」は、第2章の「ミツバチのいる暮らし」でご紹介したように、奈良市の奈良公園の南方、春日山原始林のそばにあります。春夏秋冬、四季折々にさまざまな花が咲きます。奈良公園のウメやサクラやツバキ、フジなど、春日原始林の多様な草木、高円山《たかまどやま》の落葉広葉樹の里山、田んぼや菜園の野菜や雑草、神社仏閣や大きな屋敷の庭の草木など、植生が豊かです。また、近くに果樹園や大規模な農園がありませんし、奈良公園内も含めて農薬を散布することも非常に少ない地域です。

あちらこちらで日本ミツバチの捕獲をしてみてわかったのは、群れが成長するスピードが場所ごとに違うことです。高畑界隈は、1年を通じてミツバチたちにとって希にみる豊かな環境といえるのです。ですから100群以上になっても、ミツバチはまだ増えていこうとしました。

そして、**自然養蜂で見えてきたのが、蜂蜜は「環境の味」だということです。**環境に味があるとわかったのです。

地域や群れの個性によって、巣箱の蜂蜜の味はそれぞれが微妙に異なります。それらは花の咲く時期、種類や量、自然環境の変化に影響を受けるのです。

ミツバチの巣箱から採蜜するときは、十分に蜂蜜を貯めた健常群の巣から一部をいただきます。時々、巣箱の底に黒い小さなフンが落ちている場合があります。ミツバチの巣を食べるスムシ（ハチノスツヅリガの幼虫）のフンです。そうなった巣箱からは、採蜜しても販売できません。蜂蜜にスムシのフンの匂いがついて、風味が悪くなるからです。

このような蜂蜜は、花が少ない冬場などにミツバチに返す場合があります。砂糖水などを給餌する人がいますが、ミツバチが巣に保存して蜂蜜と混ざってしまう場合があるので、与えません。

蜂蜜だけを採ったら、絞らずに巣の蓋をカットしてザルに入れ、自然に蜜が垂れて落ちるのを待ちます。蜜の入った巣を絞ってしまうと、巣に付いた雑菌やホコリが蜂蜜に混ざって風味が変わってしまいます。

糖度を測って約78度以上の蜂蜜を選別します。そして、見た目と香り、味などを確かめるためにテイスティングをします。

蜂蜜は混ぜないで、巣箱ごとに管理します。まろやかな感じ、酸味が強いがフルーティー、あっさりしているがコクがあるなど、さまざま蜂蜜が現れます。これらを採蜜したあと瓶詰めにし、「天恵蜜」のラベルを貼って出荷、販売します。

多様な植物のエッセンスで作られる蜂蜜を、私は「森のいのち」と言っていますが、まさに幽玄な味わいです。

私がつくる「天恵蜜」の評判は口コミで広がり、春日大社の式年造替の折りには、公式品として特別につくった「神代蜜」が、春日大社で販売されるようになりました。そして、東京の有名デパートのお中元にまで打診いただくようになりました。驚いたことに、お中元として出すには、最低1000~2000箱の蜂蜜商品を用意しなければなりません。ありがたい話ですが、最高の環境での究極の日本ミツバチの蜂蜜は、そんなに量が採れないのです。

それに、都会にいるような働き方をするために奈良に引っ越してきたのではありませんから、そのお話はお断りさせていただきました。地道に自然農法をやりながら、日本ミツバチとともに自給自足的暮らしを続けていこうと、改めて考えました。

第4章

ミツバチの誤解
～日本人が知らない日本ミツバチのこと

「ハチ」と「ミツバチ」は違う

自然養蜂をやっていると、日本人のほとんどの方が「ハチ」と「ミツバチ」は同じだと認識していることがわかります。蜂蜜を貯める違いがある以外は、「ハチは怖い」「ミツバチも怖い！」という誤解です。

日本ミツバチを捕獲する場合、許可を得て森や農園に空の巣箱を設置しますが、その際、通りかかった人が「巣箱を置くとハチが来るので危ないからやめてください！」と言われる場合があります。

そういうときは、**おとなしい日本ミツバチの習性やその役割、そして、人が攻撃を加えるなど、よほどのことをしない限り向かっては来ない**ことを説明します。また、人通りのあるところから十分な距離をとって設置するなど、安全確保に努めていることもお話しします。そこまで説明しても「ミツバチもハチですから、刺すので絶対に置かないでください！」と言われることもあります。それは、森や里山に日本ミツバチが増えることを嫌がっているということです。

確かに日本ミツバチも刺します。しかし、みなさんの周りでミツバチに刺された方はい

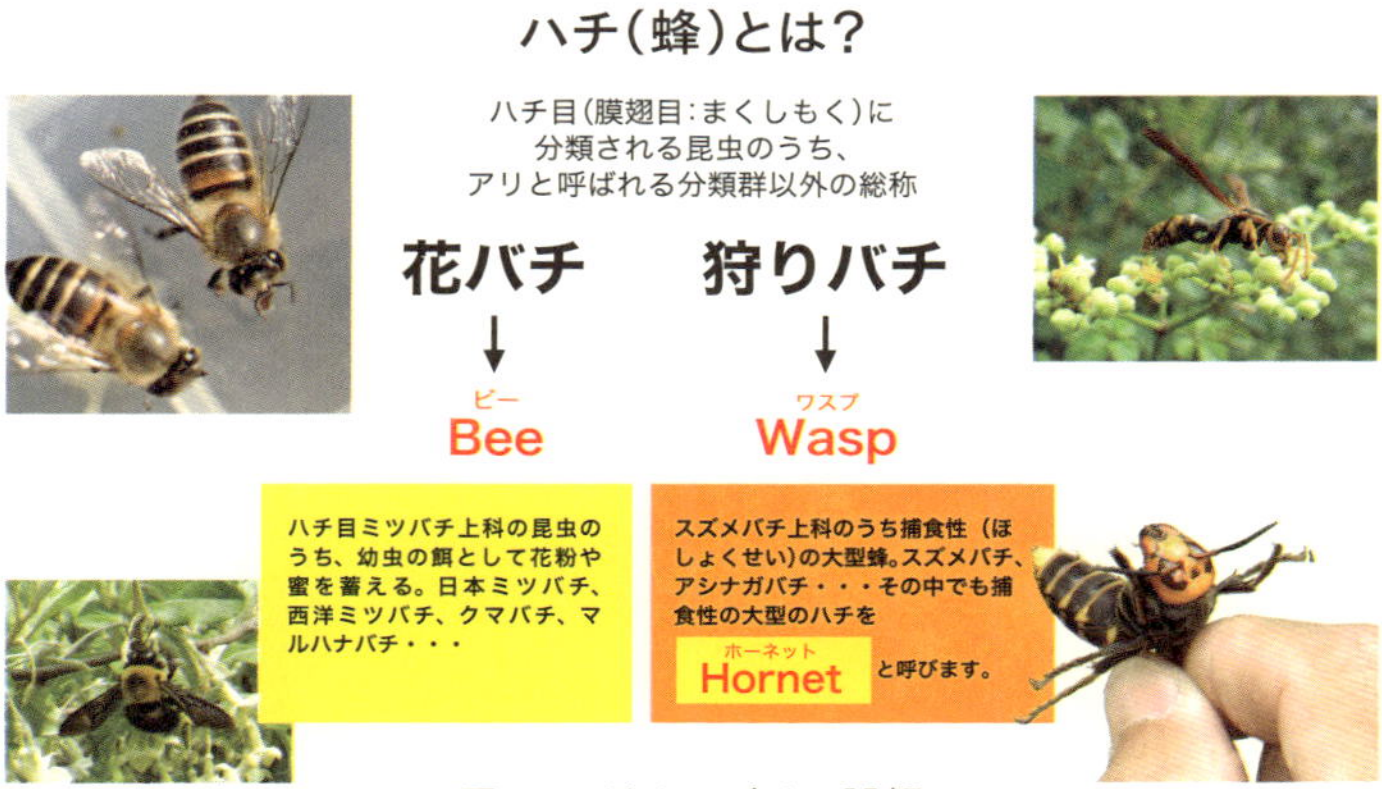
ハチ（蜂）とは？
ハチ目（膜翅目：まくしもく）に
分類される昆虫のうち、
アリと呼ばれる分類群以外の総称
花バチ
狩りバチ
Bee《ビー》
Wasp《ワスプ》
ハチ目ミツバチ上科の昆虫のうち、幼虫の餌として花粉や蜜を蓄える。日本ミツバチ、西洋ミツバチ、クマバチ、マルハナバチ・・・
スズメバチ上科のうち捕食性（ほしょくせい）の大型蜂。スズメバチ、アシナガバチ・・・その中でも捕食性の大型のハチを
Hornet《ホーネット》
と呼びます。

図6 ハチとミツバチの誤解

らっしゃいますか？　アシナガバチやスズメバチ、アブなどに刺されたことはあっても、ミツバチに刺された経験のある方はどうでしょう。

私の周りで刺された経験のある人は、蜂蜜を採る「養蜂家」と、ミツバチの巣をおびやかす「いたずら者」だけです。

実際に日本ミツバチに刺される可能性は、普段おとなしい犬が驚いて急にかみついた、といった場合より、確率ははるかに低いと思います。

それに引き替え、アシナガバチやスズメバチなどの「ハチ」は、お尻の針に返しがありません。他の昆虫などを襲って食べるために使う、狩猟のための武器です。

日本では、スズメバチやアシナガバチとミツバチとを、同じように「ハチ」と呼びます。しかし英語圏では、種類が違うことから、それぞれ別の呼び方をしています。

花の蜜や花粉を食べる種類の花バチはBee（ビー）、花の蜜も食べる肉食系のスズメバチ、アシナガバチなどは、総称してWasp（ワスプ）やHornet（ホーネット）と呼ぶのです。英語圏では、それぞれの昆虫の特徴を分けて教えているので、「ハチは危ない！」という誤解がありません。

動物や昆虫の生態や役割を「知らない」ことは「怖い」に繋がります。これは人間の世界も同じで、相手を知ることによってどう付き合ったらいいのかがわかってきます。また、多民族国家である英語圏の人たちが「種」の違いを理解するためにBee、Wasp、Hornetと分けているのは、合理的でわかりやすいですね。

日本でも、ハチの生態によって呼び方を変えるべきだと思います。たとえば、ミツバチなどのBeeを「花バチ」、その他のハチを「狩りバチ」と呼び、子供の頃からその違いを教えるべきです。

「狩りバチ」は、狩人バチ（狩猟バチ）とも呼ばれ、昆虫学者などにはよく知られた呼び名です。ファーブル昆虫記にもよく出てくる「狩りをするハチ」で、子供を育てるために獲物を狩る生態を持つハチです。

このように日本では、「日本ミツバチ」も「狩りバチ」と同列にされて「ハチは怖い」と教えられている現実があるようです。

近年は、生物多様性や自然の生態系が大切だと聞くことが多いのですが、まず、個々の昆虫や日本ミツバチなどの生態を理解し、特性や違いを認識することが、「狩りバチ」への危険性を低くすることになり、自然生態系を守ることにもなると思います。

ビーフォレスト・メモ　アナフィラキシーショック

ハチに二度刺されると死んでしまうという話は、疑問です。アナフィラキシーショックとは、スズメバチなどに刺された人が、そのハチの毒に、急激に強い全身性のアレルギー反応を起こす症状です。体質によってアナフィラキシーショックを引き起こしにくい人と、引き起こしやすい人がいるようです。また、刺されたハチの種類や体調の良し悪しなどによっても症状の出方は変わります。

日本では、スズメバチに刺されて年間20人前後が亡くなっています。特にオオスズメバチは、自分を襲うような敵がいないと思っているのか、オオスズメバチを捕虫網で捕ろうとすると振り向いて「なにーー!」と怒ったような目つきで、人の顔から上をめがけてブーンと飛んできます。

刺されると、筋肉注射をされたような痛みがあります。動物や鳥の肉、キイロスズメバチなども襲って食べますから、スズメバチには近づかないようにしましょう。

ビーフォレスト・メモ　ハチは匂いに寄る

ハチは匂いに敏感です。黒い髪や目といった黒い色もそうですが、息や化粧品、ヘアスプレーなどの匂いにも反応します。特にスズメバチは、刺した箇所に警報フェロモンを付けて、その匂いで仲間を呼び寄せる習性があります。スズメバチは、匂いが付いた付近を集中的に刺してきます。刺されたら逃げるが勝ちですが、匂いを消すことも大切です。

吉川さんの蜂蜜は何の花？

「吉川さんの蜂蜜は、何の花の蜂蜜ですか？」という質問にはいつも困ります。特に問題のない質問だと思うでしょう？　ところが、ここに大きな「ミツバチの誤解」が潜んでいるのです。

スーパーや蜂蜜専門店などでは、レンゲやアカシア、クリやリンゴの蜂蜜といった具合に、いろいろな花の名前がついた蜂蜜が販売されています。この一種類の花の名前がついた蜂蜜は「単花蜜」と呼ばれます。蜂蜜はすべてが単花蜜だと思っている方が大半ですから、「どんな花の蜂蜜ですか?」と聞かれてしまうわけです。

ところが、私がつくっている**日本ミツバチの蜂蜜は、たくさんの花の蜜が混ざってできた「百花蜜」と呼ばれる蜂蜜です。**

でも、どうして「単花蜜」と「百花蜜」ができるのかを説明しないと、質問の答えになりませんね。

実は、日本には2種類のミツバチがいます。外来種で家畜の「西洋ミツバチ」と、在来種で野生の「日本ミツバチ」です。それぞれのミツバチは習性が違うので、自ずと蜂蜜も違ってくるのです。そして、**「単花蜜」をつくっているのは西洋ミツバチ**です。

森に棲む野生の日本ミツバチは、四季折々、同時期に咲く草木の花の蜜を集めるために、グループに分かれて作業をするといわれます。ですから、さまざまな花の蜜が混ざった蜂蜜ができます。これが「百花蜜」です。日本ミツバチはいろいろな花が同時期に咲くような環境で生き抜くのですから、単花蜜ができにくいのはわかりますね。

一方、**家畜の西洋ミツバチはひとつの花に向かう習性がある**ので、養蜂家はミツバチの巣箱を、レンゲ畑などの大きな花畑に持って行きます。この習性を「訪花一定性の法則」といいますが、西洋ミツバチは同種の花（レンゲ）に集中的に訪れるので単花蜜が採れるのです。

ミツバチは、最初に発見した花の蜜を巣に持ち帰り、仲間にその花の蜜のことと花の場所を伝えます。教えられたミツバチはそこに向かい、そしてまた同じように他のミツバチにも伝えていきます。そうやって、ほとんどのミツバチが同じ花畑へ向かっていくのです。最初に花を見つけたミツバチがその情報を伝える方法を持っていたので、訪花一定性の法則が生まれたのでしょう。

このときの情報を伝える方法が、「ミツバチの尻振りダンス」です。ミツバチは、花畑の方向とそこまでの距離をダンスで仲間に伝えるという「言葉」を持っているのです。このことを発見したのが、オーストリアの動物行動学者、カール・フォン・フリッシュです。のちに、フリッシュの実験的研究成果にはノーベル生理学・医学賞が贈られましたが、人間は西洋ミツバチの訪花一定性の法則を利用して、家畜として数千年の養蜂の歴史を築いてきたのです。養蜂家にとって、その性質は猟犬のように狙った獲物（花）に向かわせやすかったからでしょう。ですから、西洋ミツバチの蜂蜜は、効率よくひとつの花の蜜「単花蜜」を生産できるようになったのです。

日本ミツバチにも訪花一定性の法則の性質はありますが、彼らが棲む自然の森はさまざま

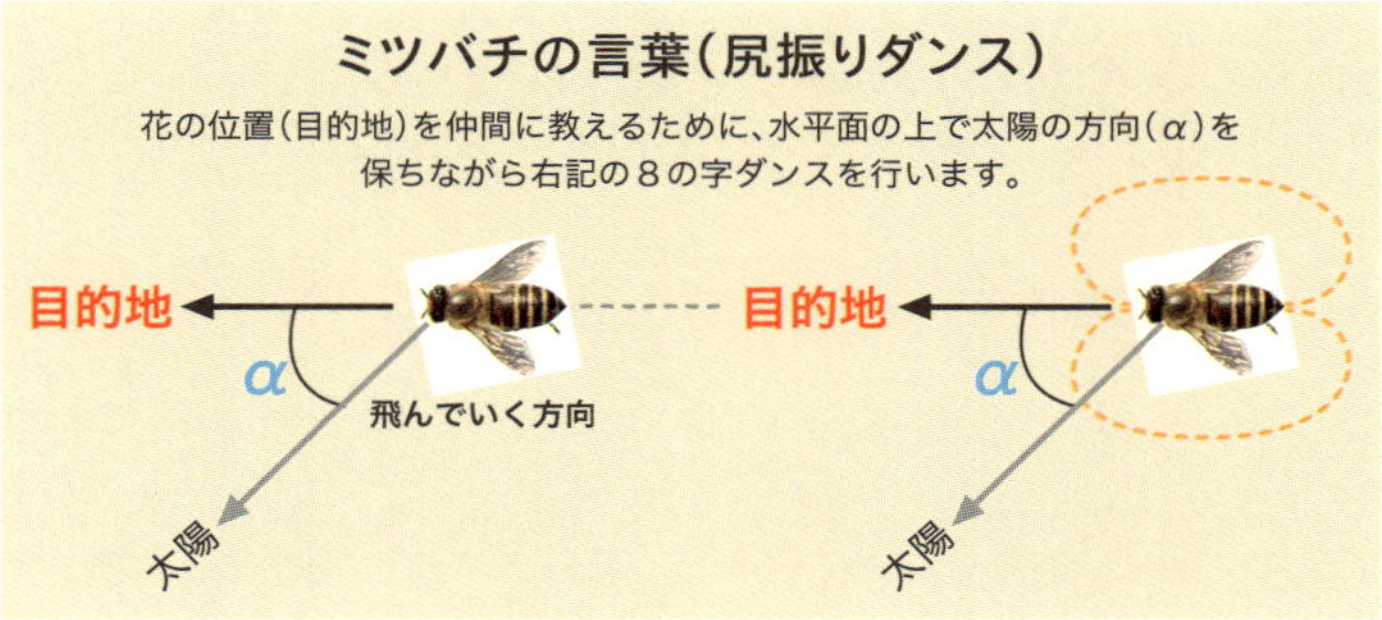
ミツバチの言葉（尻振りダンス）
花の位置（目的地）を仲間に教えるために、水平面の上で太陽の方向（α）を
保ちながら右記の８の字ダンスを行います。
目的地
α
飛んでいく方向
太陽
目的地
α
太陽

図7 ミツバチの尻振りダンス
（引用：カール・フォン・フリッシュ「ミツバチの不思議」伊藤智夫訳 法政大学出版局）

家畜の西洋ミツバチは、ひとつの花に集まる習性があり、
その蜂蜜を「単花蜜」と呼びます。

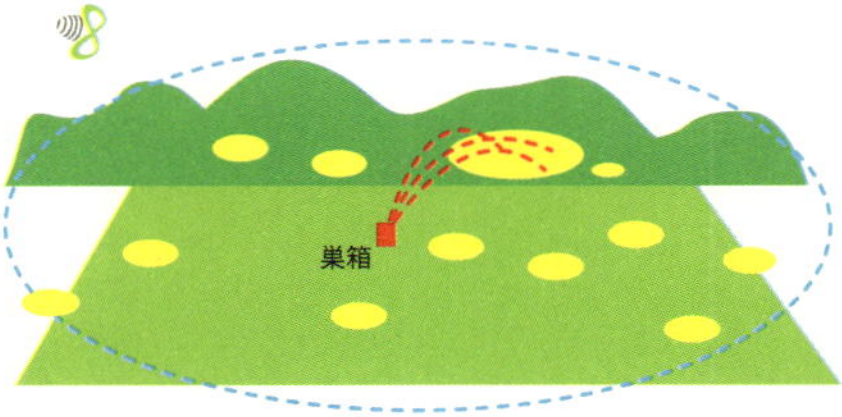
巣箱

図 8 西洋ミツバチの採蜜行動

野生の日本ミツバチは、グループで活動する習性があり、
その蜂蜜を「百花蜜」と呼びます。

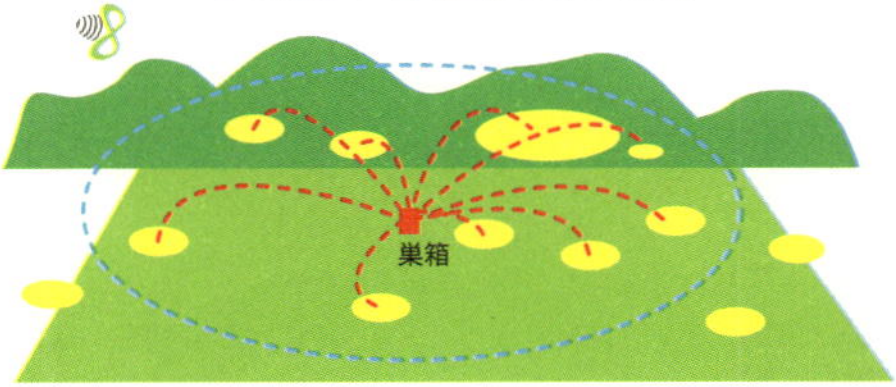
巣箱

図 9：日本ミツバチの採蜜行動

な種類の花が同時期に咲きます。過酷な環境の中で生きる野生の日本ミツバチは、季節や環境に対応するために、小さな花の集まりにもグループで訪れるといわれます。ですから、日本ミツバチの蜂蜜は、たくさんの花の蜜が混ざった「百花蜜」なのです。

ただし、西洋ミツバチにも「百花蜜」があって、2つ以上の花の蜜が混ざると「百花蜜」と呼ぶとのこと。紛らわしいですが、蜂蜜はミツバチの種類を確認しながら選ばなければなりませんね。

また、日本産の蜂蜜は日本ミツバチの蜂蜜とも限りません。多くの場合、日本ミツバチの蜂蜜は、「日本ミツバチ」と明記されています。

世界には9種類のミツバチがいる

ミツバチ（蜜蜂：Honeybee）は、群が秩序立った構成になっていることから「真社会性昆虫《しんしゃかいせいこんちゅう》」と呼ばれます。花の蜜や花粉を食糧とするため、花の蜜を加工した蜂蜜と花粉を巣に蓄えます。ハチ目（膜翅目《まくしもく》）ミツバチ科（Apidae）ミツバチ属（Apis）に属する昆虫です。

世界には9種類のミツバチがいます。西洋ミツバチ（ミツバチ亜種）、東洋ミツバチ（ミ

日本ミツバチ

西洋ミツバチ

西洋ミツバチ と 東洋ミツバチ の生息分布

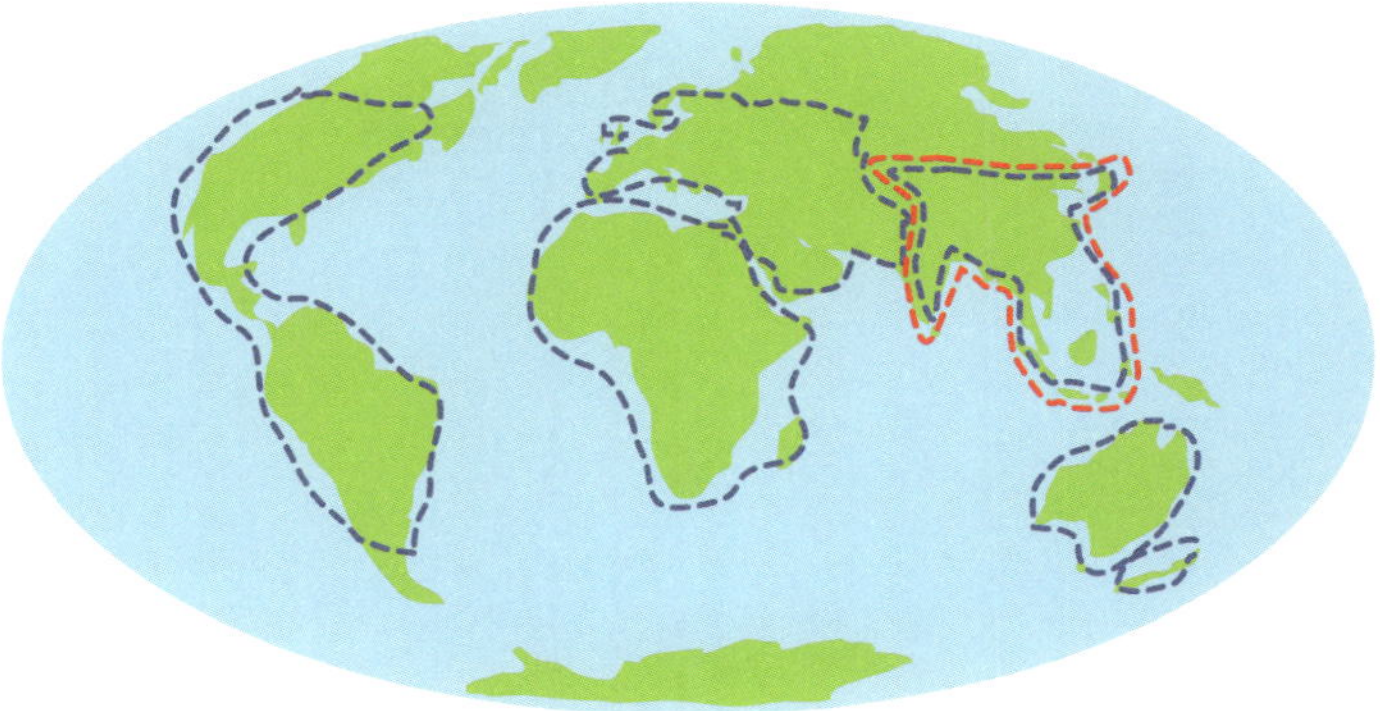

図10 西洋ミツバチと東洋ミツバチの生息地域

ツバチ亜種)、サバミツバチ(ミツバチ亜種)、キナバルヤマミツバチ(ミツバチ亜種)、クロオビミツバチ(ミツバチ亜種)、コミツバチ(コミツバチ亜種)、クロコミツバチ(コミツバチ亜種)、オオミツバチ(オオミツバチ亜種)、ヒマラヤオオミツバチ(オオミツバチ亜種)の9種です。

特に「西洋ミツバチ」は、24種類の細かな分類(亜種《あしゅ》)があり、世界中の養蜂に用いられていることから、今や世界中に分布しています。

イギリスには「ミツバチの歴史は人類の歴史」という諺があるくらい、西洋ミツバチと西欧人は深い関係を築いてきました。エジプト文明よりも遙か昔から、蜂蜜を採るために人類が最初に家畜にした生物(昆虫)といわれています。

また、**「日本ミツバチ」は、東洋ミツバチの数種ある分類(亜種)の一種です。**東洋ミツバチは、中央アジアから東南アジアにかけて生息しています。世界的に見ると、黒人も含めた「西洋人」と「東洋人」と同じような分布になっていますね。そして、大きさも「西洋人」と「東洋人」と同じように、西洋ミツバチに比べて東洋ミツバチは、1~2回り小さいのです。また、日本国内の西洋ミツバチと比べると、**日本ミツバチは性格も「東洋人」的で、おとなしく感じます。人間とミツバチが、形や性格まで似ているというのが不思議ですね。**

日本ミツバチの生息北限地は青森県といわれています。北海道の冬は寒くて長いので、日本ミツバチが越冬するには環境が厳しいんですね。花の蜜と花粉を食べるミツバチは、花が咲かない季節が長いと生き残れないのです。そのため、日本ミツバチの北上は、青森県で止まったと思われます。

ニホンザルも北限が青森県です。日本ミツバチと同じように、冬を越せる食糧のある地域が生息圏になるのでしょう。

一般に日本ミツバチの群れのミツバチの数は、5000〜1万匹です。行動半径は、巣箱から約2kmといわれています。それに比べて、西洋ミツバチは3〜5万匹と圧倒的に多く、また3〜5kmと広範囲で活動するといわれます。そして、西洋ミツバチと日本ミツバチが交尾しても、子孫は生まれないそうです。本当にそうであれば、西洋ミツバチと日本ミツバチは、見た目以上に異なる昆虫なのですね。

明治から始まる西洋ミツバチ養蜂の変遷

明治9年頃、西洋ミツバチとともに巣箱や採蜜など、アメリカから近代養蜂の技術が入ってくると、伝統的な日本ミツバチ養蜂は一気に廃れていきました。そして養蜂技術が確立され、たくさんの蜂蜜が採れる西洋ミツバチが一気に全国に広がったのです。手間のかかる伝統的な日本ミツバチの養蜂は、人知れず山奥などで細々と残るだけとなりました。

戦後、自動車産業が興ってからは、西洋ミツバチ養蜂は、花を求めて蜜を採る「移動養蜂」（転移養蜂）が主流となります。

昔の農家は、稲刈りが終わると田んぼに有機肥料になるレンゲの種を撒きました。春になるとレンゲ畑が広がります。また、菜種油を採るための菜の花畑も田園風景をつくっていました。

移動養蜂家は、冬は暖かい鹿児島県に集結して越冬し、南から咲き始めるレンゲやナタネ、サクラ、リンゴなどの花を求めて北海道まで移動しました。養蜂家がトラックに巣箱を積んで花畑を桜前線のように北へ移動して、各地の花畑に巣箱を置き、蜜源がなくなると、また次の花畑へと移動するのです。

高度成長期となった1960年頃からは、養蜂産業も大きく変化します。科学技術や工業が発展して、農業機械とともに化学肥料や農薬が開発され、農業の効率化が一気に進みました。そして、レンゲを田んぼの肥料としていた農家が、手間を省くために化成肥料を撒くようになったのです。それによってレンゲ畑はなくなっていきました。

海外から安い菜種油が入るようになると、菜の花畑も減っていきました。

レンゲや菜の花畑が減って、西日本の田園風景が一変します。鹿児島を起点とした移動養蜂もさまざまな地域へと分散していき、移動しない定置養蜂も増えていきました。

20世紀後半になると、人件費の高騰や国際化が進んだことで、海外からの安価な蜂蜜やローヤルゼリー、プロポリスといった、西洋ミツバチの蜂蜜関連製品の輸入が増えていきました。２０１０年代に、日本国内で販売されている蜂蜜の95％が輸入品となり、その主な輸入先は中国でした。ローヤルゼリーにいたっては、99％以上が輸入品です。蜂蜜等の消費の増大とグローバル化の影響で、明治時代から始まった養蜂産業は、現代では輸入産業となっているのです。

また、20世紀後半から、温室栽培の普及によって西洋ミツバチのポリネーター利用が行われるようになりました。果実類や果菜類の温室栽培や露地栽培への「授粉サービス」です。授粉サービスは、花が咲く頃に西洋ミツバチの巣箱を持って行き、授粉させることをサービスとする仕事です。西洋ミツバチの主な送粉サービス事業の対象農作物は、イチゴ、ウメ、リンゴ、ナシ、メロン、スイカなどです。

ポリネーターとしての働きバチは、段ボール巣箱などに入れられ、農家に販売されます。送粉サービス期間が短い場合は、女王バチがいない働きバチだけの巣箱が温室の中に入れられます。働きバチは、寿命が尽きる1〜2ヶ月の間に授粉作業をして死んでいきます。現在では、露地栽培の果物やウメ栽培なども、野生の日本ミツバチに頼ることなく、西洋ミツバ

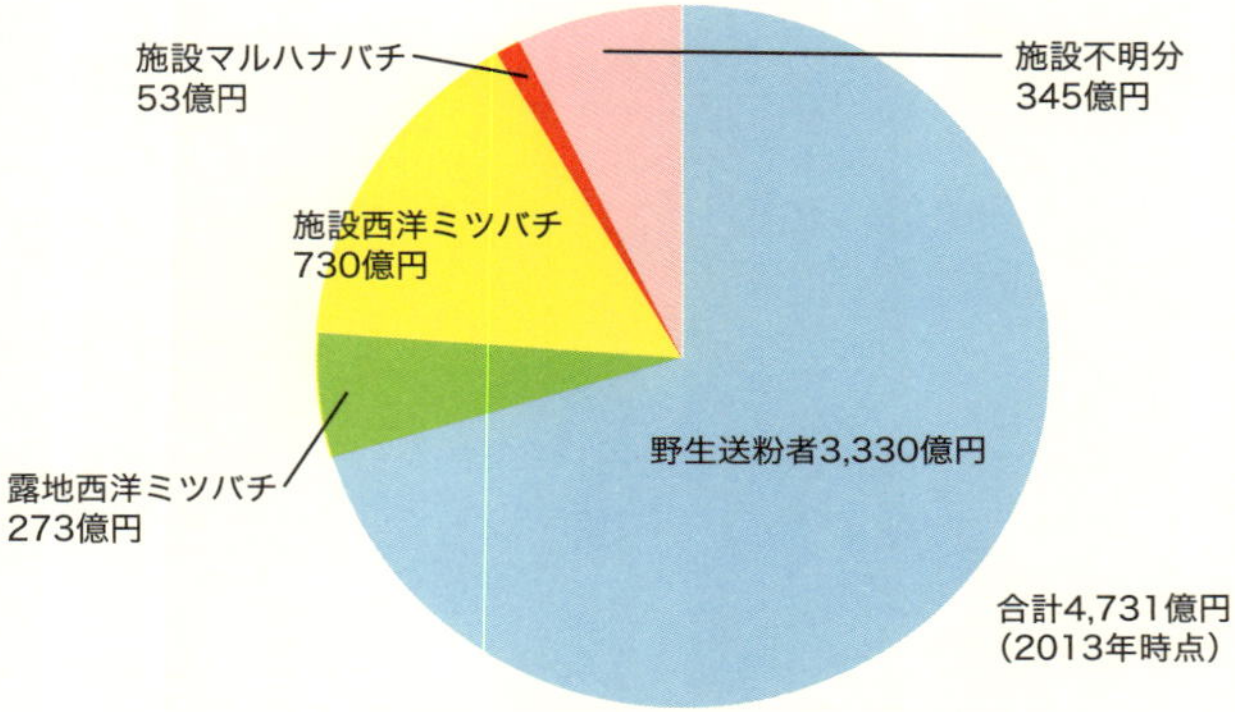

図11 日本国内の送粉者とその貢献額
（引用：農業環境技術研究所　平成27年度 研究成果情報）

チによる送粉サービスが大半となっています。養蜂業者にとっては、蜂蜜を採ること以外の新たな収益源となっています。

日本ミツバチがいなくなったら日本が滅ぶ？

明治時代に日本に輸入された西洋ミツバチによる経済活動の変遷を駆け足で見てきましたが、送粉サービスにおける西洋ミツバチの経済的な役割や価値はどうでしょうか。

2013年、国立研究開発法人農業環境技術研究所が、日本の農業における送粉サービスの経済価値を評価しています（図11参照）。すべての花粉を運ぶ昆虫等（送粉者＝ポリネーター）が日本の農業にもたらしている利益（送

図12 西洋ミツバチの活動と役割

図13 日本ミツバチの活動と役割

※pollinateは「授粉する」という意味で、pollinatoeは「授粉者」「送粉者」の意味。

粉サービス）の経済価値は約４７００億円と推定しており、そのうち、西洋ミツバチによる送粉サービスは約１０００億円（施設栽培７３０億円、露地栽培２７３億円）、マルハナバチによる送粉サービスは53億円、そして日本ミツバチなどの野生のポリネーターによる送粉サービスを約３３００億円と推定しています。

この評価の結果、日本の果樹・果菜類の生産が、野生のポリネーターの送粉サービスに大きく依存していることを示しており、日本の農業が生態系から受けている恩恵のひとつである送粉サービスの重要性が、全体として明らかになったとしています。つまり、日本ミツバチをはじめ、野生のポリネーターの重要性が明らかになったのです。

しかし、私は最も肝心な経済価値評価が欠落していると考えています。この評価は「日本の農業における送粉サービスの経済価値」ですが、農業以外にもっと広大で重要な「日本の森における送粉サービスの経済価値」についても評価をすべきではないでしょうか。

日本の森の生態系がもたらしてきた「水源」「農業」「漁業」などの社会経済基盤を外部経済として、その価値を評価すると、西洋ミツバチにはない野生ポリネーターがつくった森の外部経済価値は、計り知れないほど大きく重要だとわかるでしょう。「もし野生のポリネーターがいなくなったら、森もなくなって日本は滅ぶ」ということがご理解いただけたでしょうか。日本にいるミツバチは、それぞれ役割があり、みんな同じではないのです。

第5章

自然養蜂生活を襲った危機、日本の森の危機

日本ミツバチの群れが消えていく!

春日山原始林周辺で日本ミツバチが100群まで順調に増え、「天の恵み」の蜂蜜販売も徐々に広がり始めました。日本ミツバチと暮らす生活が密になるほど、自然の森が少なくなっている現状が見えてきたことで、ミツバチを増やしながら自然の森も豊かになっていくにはどんな方法があるのだろうか、私たち夫婦にできることはないのかと考えるようになりました。

2015年3月の終わり、京都の大学教授らが訪ねて来られ、「大学で学生らと飼育していた日本ミツバチ12群が、昨年の秋から次々と死んでいったのです。その周辺地域で養蜂をしている人の日本ミツバチの群れも合わせると100群余りが死んでいます。こちらはどうですか? どう思われますか?」と聞きに来られました。

我が家の巣箱の中の様子を定期的に撮影していた私も、ミツバチたちの様子に異変を感じていました。いつもの冬よりも群れの動きがおとなしく、2月にウメの花が咲きはじめ、本格的に春を迎える季節になったにもかかわらず、いつもの勢いがなく、群れも大きくなりません。むしろ、消えていくように小さくなっていったのです。

奈良県桜井市の知人からも「ミツバチはどうや。様子おかしくないか?」と連絡がありました。その他にも、異変を知らせてきた奈良県葛城市の友人や、滋賀県東近江市、兵庫県姫路市、奈良県十津川村の知人や養蜂家も「ミツバチを飼って60年になるが、ミツバチがいないのは初めてだ」と言うのです。どの地域まで同じような状況になっているのかわかりませんでしたが、近畿全域で同じようなことが起きているようでした。

その後も、我が家の日本ミツバチは、花咲く春が来てもほとんどの群れは大きくならず、なかなか分蜂する気配もありません。幾つかの群れは分蜂しましたが、近くに留まることなく、遠くに行ってしまいました。そういった行動もいつもと違います。何かが起きていることは確かでした。

弱った群れは、巣の中にスムシが入って手の付けようのない状態で死んでいきます。僅かに残った群れの巣箱を覗くと、小さな塊になったミツバチが巣の中にいるだけです。群れがあまり小さくなると巣を温めることができなくなります。幼虫を育てるには、巣を温める必要があるのです。温められないと幼虫は死んでしまい、新しい働きバチが誕生しないので、やがて群れは消滅してしまいます。

もう時間の問題でした。感染病のようですが、何もしてやれない。「ひとつの生物」が次々と死んでいくのを見ているだけの、悲しく、もどかしい日々が続きました。２０１５年の秋頃には、100群のうち約80群が死にました。残ったのは20群ほどです。

冬を前に、蜂蜜を貯めて冬を迎える準備ができている巣箱は、数えるほどしかありません。来春まで、幾つの群れが残れるのだろうかと思いながらも、心のどこかで、もう全滅すると感じていたのです。

折しも2015年3月から、日本の自然林の減少によって生息地域を奪われた日本ミツバチを増やす「ビーフォレスト活動」をスタートしていました。巣箱を森に設置して日本ミツバチの営巣を促し、ミツバチを増やして草木の花の授粉率を高めようという活動です。しかし、同時期に日本ミツバチを感染病が襲い、近畿の多くの地域が壊滅的な状態になっていきました。

もし、**日本ミツバチがいなくなったら大変なことになる——私と妻は、ミツバチの病気が蔓延していく状況を見て、養蜂どころではない大変な事態になっていると感じていました。**

日本ミツバチが生き残れるように、急いで何かをしなければなりません。

日本の各地で同じような状況があるようですが、危機感を持って日本ミツバチを増やすための活動をする方はいませんでした。ならば、もっとビーフォレスト活動を力強く進めるしかないと覚悟しました。

やがて、我が家の蜂場からミツバチの姿が消えました。奈良県の山に巣箱を設置しながら、いつも日本ミツバチの羽音を耳で探している自分がいました。たくさん花が咲いているのにミツバチの羽音はありません。夏が過ぎてもミツバチの羽音を聞くことはできませんでした。

「日本は世界第3位の森林大国」への疑問

この先、日本ミツバチや日本の森は、どうなってしまうのだろうか。きっと日本ミツバチだけではなく、他の昆虫も減っているに違いない。自然の生態系もおかしくなっているに違いない。もっと、自分ができることはないのだろうか？　私は、日本ミツバチが減少する原因を真剣に調べ始めたのです。

自然養蜂をやりながら、ミツバチが棲める「森」があまりないのだと思っていた私は、「日本は世界第3位の森林大国です！」という資料を見たり、日本の森の話を聞いたときに、疑問を抱くようになりました。

Ｐ１２３の図14、15でわかるように、自然林（天然林）と人工林の割合は半々です。日本の森林面積比率が３分の２ですから、自然林（天然林）と人工林は３分の１になっています。花の蜜などの餌がない人工林には、日本ミツバチは棲めません。そのため森林の半分、３分の１の自然林（天然林）にしか生息できないと考えられます。

「日本は、世界で第3位の森林大国」ですが、実は「虫や動物が棲める森は3分の1しかない」のです。自然の森が減って、生息環境を奪われた日本ミツバチは、間違いなく減ってしまいます。

私は「森林大国」という言葉に違和感があります。「森林」は「森」と「林」です。「森」は自然に生まれたもの。「林《はやし》」は「生やす」から来たといわれ、人工的な意味があるようです。それで人工的につくったものをスギ林、ヒノキ林、ウメ林などと言うわけです。

森林の成り立ちを説明するには込み入った話をしなければなりませんが、「森林」と一括りに言わずに、「森」と「林」に使い分けて説明すべきだと思います。また、人工的につくるのであれば、樹種はどうあれ、地域の状況、自然環境、経済性などを考えた「目的林」であるべきだと思うのです。

2015年春、森林再生活動をテーマにNPO活動をしている女性とお会いしたことがありました。その方は、「人工林のスギやヒノキの山を守ることが、日本の森を守ることになる！」と堅く信じていました。

人工林の山は、大雨が降ったときのダムの役割を果たすので、生態系にはとても重要です。ですから、「間伐した人工林のスギやヒノキを材料にした商品をつくって販売すること

日本の森は、拡大造林で人工林が一気に広がった

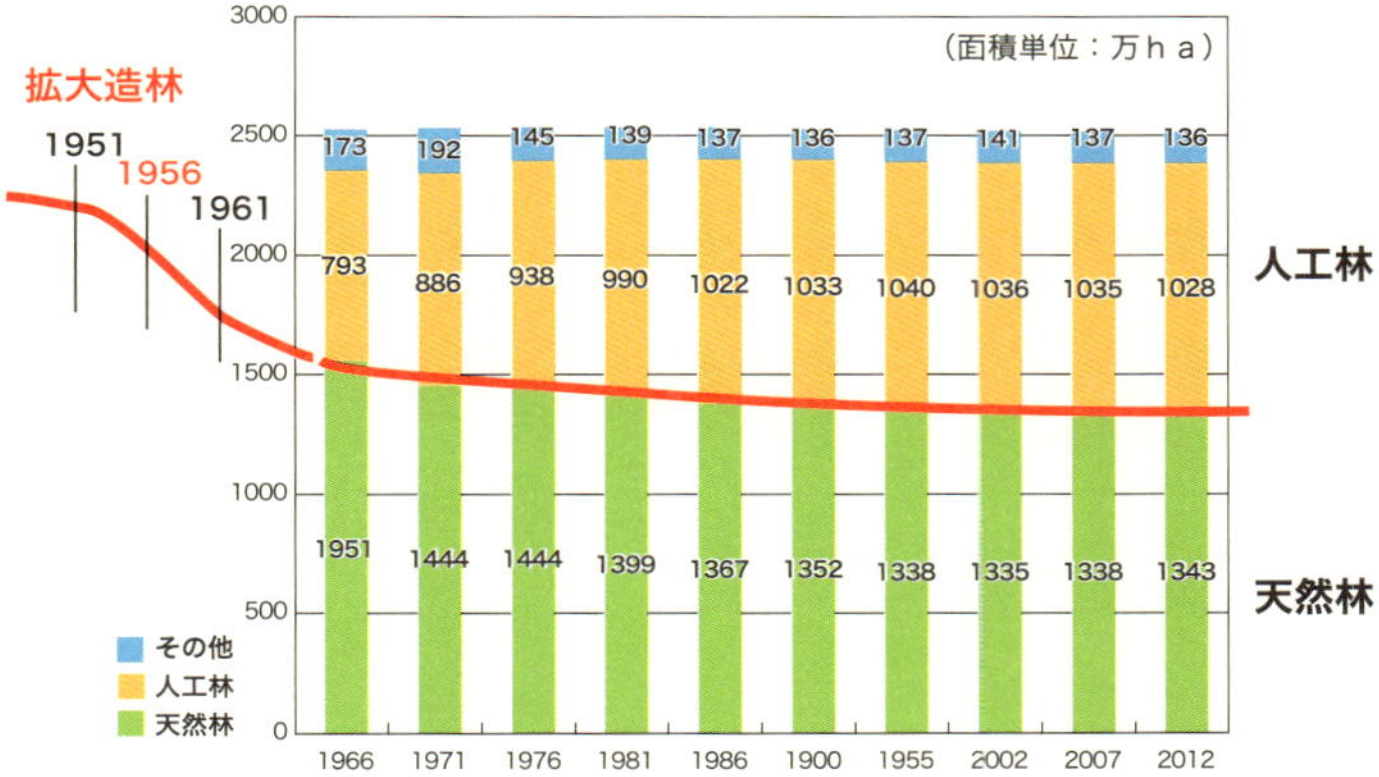

図14 日本の森林面積の推移
（林野庁　森林資源の現況〈平成24年3月31日現在〉より筆者作成）

	天然林	人工林	その他	全体
単位千 ha	9,700	8,795	1,043	19,538
森林率 %	49.7	45.0	5.3	100

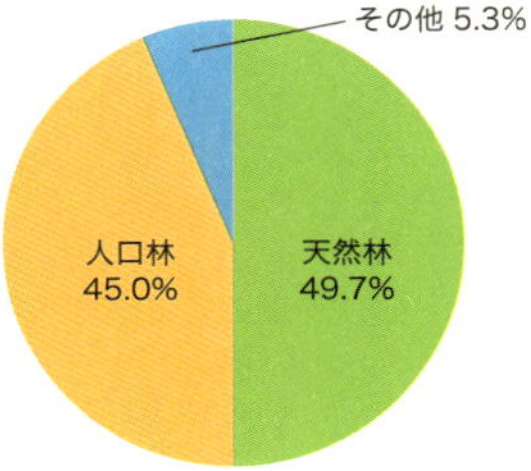

日本の森林率は、67%
天然林は、その内の約50%
即ち、約33%で
天然林率は、１／３ に激減した
Ⅱ
日本ミツバチも激減した

図15 日本の天然林の森林比率
（2016年、日本ミツバチが生息していない北海道を除いた林野庁資料より筆者作成）

が、日本の人工林の維持に繋がるのです」と説明していました。彼女は、すべての人工林の山を守ることが大切だと思い込んでいるのです。

人工林であれ自然林であれ、目的と計画性をもって昔ながらの林業を続けている人々や地域があります。むやみに多くなり過ぎた人工林は、そういった伝統的林業へも悪影響を及ぼしていることが問題なのです。

日本の森林が大きく変わったのは、1950年代後半です。住宅用の木材が不足していることや、農山村の経済復興のために、日本政府が「拡大造林」と言ってスギやヒノキを育てる植林を推し進めて、人工林が一気に増えたのです。

当時、スギやヒノキの苗木を1本植えるだけで100円もらえたそうです。一日に50本植えると5000円になります。当時の金額ですから、相当高く感じます。山間部で仕事もない地域はもちろん、農村地域でも果樹園や田んぼだった場所にもスギやヒノキの苗を植えたそうです。原始林や自然林ばかりではなく、木材が切り出せない岩の多い崖のようなところまでが人工林に変わっていったのです。

ところが高度成長期を経て国際化が進み、海外からの安い材木が輸入されるようになると、国内の高い材木は売れなくなってしまいました。また、木材を使わないプレハブ住宅の普及も、林業に大きく影響しました。

スギの人工林

人工林を伐採した山

結果、日本の森林は、切っても売れないスギやヒノキの在庫の山となってしまったのです。そして、現在では、大きく成長した人工林の山が崩れやすくなってきています。近年、それが原因と思われる災害のニュースを耳にするようになりました。

危険な人工林を切り出すにも所有者がわからず、切り出す費用も出せないなどの理由で手をつけられなかったのですが、そんな状況に対応して、２０１９年からは「森林経営管理法」によって、人工林の対応が大きく変わるようです。

山林の管理を市町村に委ねることで、市町村が所定の手続きを経て森林税を使い、人工林を伐採するなどの対応ができるようになったのです。

今度は全国の人工林がたくさん伐採される時代が来るようです。しかし静かな森林が、人間によってまた激変、生態系に影響が出ることは間違いありません。

これを機に、たくさんの生物が棲める自然林に戻す機運が高まることを期待しています。

難民状態の日本ミツバチ

日本ミツバチの養蜂を始めて2、3年経った頃です。「ミツバチを駆除してくれませんか?」という電話がありました。自宅から5kmほどの場所だったのでとりあえず見に行くと、そこは緑の多い住宅地の真ん中です。古い空き家の風呂釜の脇から、ミツバチが出入りしていました。ミツバチは、お風呂の浴槽回りの空間に巣をつくっているようでした。

ここに住んでいた依頼者のお父さんは、2年前に亡くなられたそうです。「自然や生物を大切にしていた亡き父の家に棲むミツバチを、殺さないでどうにかしてもらえませんか?」との依頼でした。

お急ぎではなかったので、いろいろ考えたあげく、掃除機を利用して生きたままミツバチを吸い取ることにしました。掃除機の吸い取り口に太いホースをつなぎ、掃除機本体との間に巣箱を挟んで、吸い取ったミツバチが死なずに巣箱に入るような仕組みです。強く吸い取るとミツバチにダメージが残りますし、吸引力が弱いとうまく吸い取れません。いろいろ調整しながら、ミツバチを生きたまま捕獲できる「ミツバチ捕獲器」をつくりました。

この捕獲器を使って、日本ミツバチを吸い込んでいきます。ミツバチたちは、隅に固まって怯えています。かわいそうですが殺されるよりはましと我慢してもらい、巣箱に捕獲して持ち帰り、蜂蜜を給餌しました。

日本ミツバチは、住宅の屋根裏や縁の下、倉庫などに住み着くことが多く、住民にとっては迷惑な場所を選んでしまう場合があります。多くの人は、ミツバチの群れと他のハチとの区別がつきません。「ハチは怖い、危ない！」との思い込みが強くありますから、殺虫剤やハチ駆除業者によって殺処分されているのが現状です。

駆除してほしいという話をされた場合は、「状況によっては放っておいても大丈夫です」とお伝えし、日本ミツバチの役割や生態、安全性を説明するのですが、なかなか理解してもらえません。たいていの場合は「怖いのでどうにかして取り除いてほしい」と頼まれます。

これまでに、住宅の屋根裏や縁の下、換気口、農家の屋根裏や床下、家の壁の中、倉庫の天井、お寺の仁王さんの頭の中、そして墓石の中まで、何十箇所も捕獲しました。営巣する場所や状況を見ると、日本ミツバチの生態や状況がよくわかり、勉強になりました。

山村部の駆除依頼の中には、神社の社《やしろ》にミツバチが巣をつくって困っているという相談が多くありました。

春日山原始林の東は、山村地域です。村々に小さな神社があり、ひとりの宮司さんが十数ヶ所を掛け持ちしているのです。その宮司さんからの依頼は、社や境内の建物にミツバチが巣をつくっているので、お参りする村人が怖がるし、お祭りのときもミツバチが飛び交うので、どうにかしてほしいというものでした。

私は、神社の近くに巣箱を設置していきました。ミツバチに、社ではなく巣箱に入ってもらう作戦です。

しかし、村の神社は、森や水、農業などの「神」を祀っています。社に入って棲み着く日本ミツバチは、森をつくる「神」のような昆虫なのだから、そのまま棲んでもらう方がいいのにと、ひとり私は思っていました。

住宅の屋根裏や縁の下、神社の社などに棲み着くミツバチ捕獲のボランティアを行っているうちに、どうしてこんな所に巣をつくるのだろうと疑問に思うようになりました。

そして思い出したのが、養蜂を始めた頃、「人工林や田んぼが多い所は、日本ミツバチの生息密度は低い」と思ったことでした。蜜源植物が少ないのと同じように、日本ミツバチが住居などに棲みつくのも、何らかの理由があると考えたのです。

森に棲む日本ミツバチは、春に分蜂して新たな群れが生まれると、同時に新たな棲み家を

お墓の中に巣をつくる

民家の屋根裏を破って捕獲する

神社の社に巣をつくる

仁王さんの頭の中に巣をつくる

民家の屋根裏に巣をつくる

神社の物置に巣をつくる

探します。本来の日本ミツバチの棲み家は、大きくなった樹木の根元に近い部分などにできる空洞です。これを「自然巣」と呼んでいます。

森林が少ないところは自然巣も少なくなります。また、スギやヒノキの人工林の多いところも、空洞のある木が少ないのです。また、自然林が多くても、日本ミツバチが棲める空洞ができるような大木が少なくなっています。このように考えると、森や農村には日本ミツバチが棲める空洞のある木が少なくなっていることに気づきます。

日本ミツバチは、実は住むところがなくて「難民状態」なんです。だから住宅や神社などへ入り込むのだとわかってきました。

森に棲めなくなって町に降りてくる熊やイノシシのように、日本ミツバチも、民家に入り込んで生き延びようとしているのです。しかし、ハチが怖いという人が多いため、駆除されてしまうのです。

養蜂でミツバチが死ぬ!?

「日本ミツバチの養蜂によってミツバチが死ぬ！」と言うと不思議に聞こえるかもしれませんが、実は蜂蜜を採ることを主目的とした養蜂は、ミツバチを死なせる場合が多いのです。

日本ミツバチは、本来大きな木の空洞に棲む。空洞のある自然巣の減少が、日本ミツバチの難民状態を招いている

カシの木の空洞に棲む日本ミツバチ

その原因のひとつ目は、採蜜をする際に、巣箱の中に蜜を垂らしてしまって、中にいるミツバチが濡れて死んでしまう場合です。そうすると、群れは弱って巣を食べるスムシなどに殺られて死んでいきます。

２つ目は、蜂蜜があまり貯まっていないのに採蜜する場合です。たくさんの営巣巣箱があっても、それぞれ群れの状況は違います。

私が重箱式巣箱で採蜜するときの条件は、巣箱にミツバチがたくさん増えて群れに勢いがあること。巣箱に十分な蜂蜜が溜まっていること。そして、採蜜後にも蜜源があり、補充ができるタイミングであることです。それらを確かめたあと、全体容量の3分の1以下を採蜜します。その際は、ミツバチにストレスを与えないように素早く行う必要があります。

採蜜できるかどうかの判断も難しいですが、作業も慣れないと意外と難しいのです。

このような条件が整わないで採蜜を行うと、ミツバチが逃げてしまったり、残っても徐々に勢力が弱ってスムシの侵入を許して消滅します。

採蜜したあとでミツバチが逃げる場合、多くは越冬できずに死んでいくと思います。家畜の西洋ミツバチと違って、野生の日本ミツバチの場合、自分たちが生きるために貯蜜する量は思ったほど多くはありません。たくさん貯蜜したので余裕で越冬すると思っていたら、案外ぎりぎりの状態で越冬していたりします。それを秋に強奪されたら、越冬するのが難しいことは容易に想像できます。

3つ目は、巣を全撤去する採蜜方法です。丸太を切り、中をくりぬいてつくる丸洞巣箱は、自然巣に近くて日本ミツバチも営巣しやすい巣箱ですが、採蜜する場合は、全部を撤去してしまうことも多いのです。

この方法では、蜂蜜といっしょに花粉と幼虫もすべて取ってしまうので、ミツバチは逃げるしかありません。それも空きっ腹で、着の身着のままの状態です。

ミツバチが巣をつくるときに蜂蜜を原料に蝋片をつくり、それを貼り合わせて巣をつくるのですが、蜂蜜がなくて花が少ない時期だと巣がつくれないため、生き延びるのは難しいでしょう。

よく、養蜂家が逃げたミツバチを「ミツバチは森に帰った」と言うのを聞いたことがあります。どこかで生き延びて、来年巣箱にやってきてくれるかもしれないと期待しているのでしょうか？　しかし、ミツバチは戻ってはきません。実際は「天国に逝った」のだと思います。

私は、**日本ミツバチの養蜂は、西洋ミツバチのようにやってはいけないと思っています。**家畜の西洋ミツバチ養蜂は「養う」わけですから、餌をやったり、薬をやったり、巣箱を消毒したり、女王バチをつくったりして、人間がその生死を決めています。蜂蜜は、すべて養蜂家のものであって、西洋ミツバチのものではありません。

ところが、日本ミツバチは野生の昆虫ですから、西洋ミツバチのように蜂蜜をつくるために生かされていません。自分たちが自由に生きるために蜂蜜を貯めているのです。子育てしたり、巣をつくったり、採蜜や巣を温めるための熱エネルギーとして蜂蜜を消費します。また、分蜂するときも蜂蜜をお腹いっぱいに溜めて巣から出ていきますから、その分も貯めておく必要があります。

このように、**日本ミツバチ養蜂家は、貯めている蜂蜜を「盗っている」のです。**

日本ミツバチが激減したときに、京都府のある町に呼ばれたことがあります。「町にミツバチを呼び戻そう！」というような内容の講演です。

地元の日本ミツバチ養蜂家らが25名ほど集まっていました。私は、「少なくなった日本ミツバチの捕獲を考える前に、まずみんなで日本ミツバチを増やしましょう！」と呼びかけました。海の漁師さんは、魚がいなくなってきたら、禁漁期や禁漁区を設けて、小さな魚は捕まえないようにします。稚魚の放流や海の清掃、魚が卵を産みやすいように海に漁礁をつくったり、川の上流の森に広葉樹の木を植えたり、海が豊かになるような対応をしています。

これと同様に、「日本ミツバチを呼び戻すために、まず養蜂目的ではなく、少なくなった日本ミツバチが生き延びられるように森に巣箱を置いて、みんなで繁殖環境を整えましょう！」と呼びかけました。ところが、賛同者はひとりもいなかったのです。

みんなの関心は、日本ミツバチがいなくなった状況下でも、「どうすれば日本ミツバチを捕獲できるか？」ということだったのです。自然から狩猟採集できるほど豊かであれば、それは許されるのでしょう。しかし、盗るばかりで戻さないと、自然は廃れていくばかりです。「巣箱とミツバチと蜂蜜」にしか目が行かない町に、ミツバチたちは戻ってくれるのでしょうか？

ミツバチ感染病～アカリンダニ症とサックブルード病

我が家の100群いたミツバチたちが、2016年の秋に全滅しました。次々と死んでいく原因のひとつが「アカリンダニ症」であることがわかったのは2015年の晩秋です。そして、2016年に入って、もうひとつの原因が「サックブルード病」であることもわかってきました。

アカリンダニは、0・1～0・2mmの大きさで、生後2週間以内のミツバチの気管の中に寄生して増殖するダニです。ダニのメスは気管に5～10個の卵を産み、気管壁からミツバチのリンパ液を吸って増殖します。ミツバチはそれによってじわじわと弱り、死んでいきます。苦しそうに巣箱の回りを這いずりまわるミツバチを見かけることがあります。やがて巣箱のミツバチの群れが徐々に縮んで減っていきます。アカリンダニ症は、ミツバチからミツバチに感染します。寄生しているミツバチが死ぬと、新たなミツバチに寄生して、次々と感染が広がるのです。

サックブルード病に気づいたのは、日本ミツバチの巣箱の前に、白いミツバチの幼虫がいくつも転がっているのを見たときでした。この幼虫を持って家畜保健衛生所へ検査に行ったところ、予想通りサックブルード病です。アカリンダニ症もそうでしたが、このサックブルード病も、奈良県では私しか届け出を出していませんでした。これらの疾病が発症した場合は、家畜保健衛生所へ届けなければいけないのです。

アカリンダニ症とサックブルード病の感染の広がりには地域差がありました。私のいる奈良県の奈良盆地北部はアカリンダニ症が中心に広がっていて、奈良盆地南部地域にいる知り合いの日本ミツバチ養蜂家に尋ねると、ほとんどがサックブルード病だったようです。

サックブルードウイルスに感染すると、蜂児《ほうじ》が袋状になって死んでいきます。蜂児の頭部側に水が溜まった状態になるのです。働きバチは、死んだ蜂児を巣房《すぼう》から出して捨てます。その状況からこの病気は「蜂児捨て」と言われます。

成長した働きバチも感染しますが、症状は出ません。西洋ミツバチよりも、日本ミツバチのほうに重い症状が見られるようです。

病気が伝染して幼虫が成虫になれなくなると、群れは消滅してしまいます。サックブルード病はウイルス性の伝染病ですから、次々と他のミツバチへ伝播していきます。他人事のように語る家畜保健衛生所によると、ウイルス性の病気は、巣箱も焼却しなければ治まらないとのことでした。

アカリンダニ症で死んだ日本ミツバチ

病気で消滅する日本ミツバチの巣

サックブルード病。ウイルスで幼虫が死ぬと、その死んだ幼虫を巣房から引き出して巣門の前に捨てる

感染病を持ち込んだのは西洋ミツバチ？

アカリンダニ症は、日本国内にはなかった病気です。ミツバチ同士しか感染しないアカリンダニ症は、ではどこからやってきたのでしょうか？

論文を調べてみると、１９００年代前半に、イギリスで西洋ミツバチから発見されています。そこからヨーロッパ全土の西洋ミツバチに伝播し、その後、世界中の西洋ミツバチに広がったとのことです。そして、日本で確認されたのは、２０１０年に長野県で届けが出されたものが最初です。その後、次々と届けが出されて、現在も全国に広がっています。

このように、ミツバチの感染源は、海外から輸入した西洋ミツバチ説が有力です。そして、そのミツバチを養蜂家が購入して全国に広がったのでしょう。

養蜂家が購入した西洋ミツバチが、病気にかかった場合やその予防には、抗生物質やダニ駆除剤を使って対応しているのが一般的です。しかし、保菌している西洋ミツバチが日本ミツバチに接触した場合、野生の日本ミツバチには予防策がないので、感染して死んでしまいます。

２０１５年の晩秋、奈良県の家畜保健衛生所で、我が家で死んだミツバチを検査してもらった結果、アカリンダニが検出されました。それが奈良県での最初の発生となっています。ところが驚いたことに、それ以降2019年6月に、私が2回目の届け出をするまで、他からの届け出記録はありませんでした。

この「アカリンダニ症：届出伝染病発生履歴」に記載されているのは、発生した時期ではなく、誰かが家畜保健衛生所で検査してもらって検出された年月日です。また、多くの報告では、アカリンダニ寄生は西洋ミツバチでは皆無とありますが、家畜保健衛生所で「西洋ミツバチからはどうしてアカリンダニが検出されないのですか？」と聞いたところ、「西洋ミツバチ養蜂家は検査に持ってこないで焼却処分している」とのことでした。検査を受けて検出された場合、焼却してくださいと指導されるので、養蜂家が自らアカリンダニと判断して焼却処分にするとのこと。ですから、西洋ミツバチにアカリンダニの寄生がないわけではないのです。

届出伝染病と指定されているにも関わらず、家畜保健衛生所へ届けなくてもいいのでしょうか？　焼却で済ませていいのでしょうか？　しかし、「我が家のミツバチの群れは、アカリンダニ症が広がって壊滅的な状況になっています」と家畜保健衛生所へ申し出ても、「そうですか、わかりました」で終わりです。「広がらないように調査等しないのですか？」と聞くと、「調査はしません。ここは検査する機関ですから」と言われます。

確実に全国に広がっているミツバチ伝染病(アカリンダニ症)
しかし、養蜂家たちは届けない!?

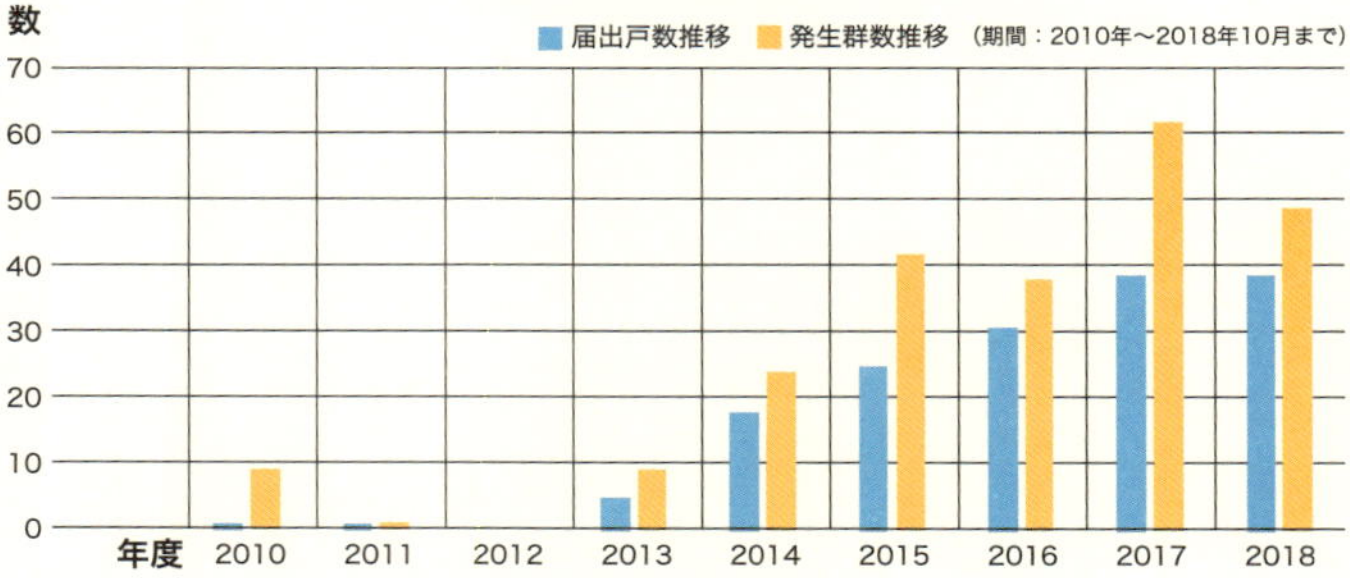

図16 届出伝染病アカリンダニの届出推移
(2019.05 農林水産省　監視伝染病の発生状況より筆者作成)

また、「どこに行けば調査や検討をしてもらえるんですか?」と聞くと、「そういうところはありません」との返事でした。

日本ミツバチが壊滅的な状況に至っているのに、何という制度なのでしょう。かつてない現象によって生物が大量に死んだ場合、事の異常さ、重大さに全く対応できない制度であること、家畜保健衛生所などの機関は頼りにできないことがわかりました。それを知った私は、絶望的なやり場のない強い憤りを憶えながら帰路に着きました。

日本ミツバチを守るために、届けましょう!

全国の日本ミツバチ養蜂をされているみなさ

表1 都道府県別届出伝染病アカリンダニの届出推移

ミツバチ：届出伝染病アカリンダニの発生推移																				届出小計	
都道府県別 届け出年度		2010		2011		2012		2013		2014		2015		2016		2017		2018 ～10月			
		戸数	群数	戸数	群数	戸数	群数	戸数	群数	戸数	群数	戸数	群数	戸数	群数	戸数	群数	戸数	群数	戸数	群数
01	北海道																				
02	青　森																				
03	岩　手																				
04	宮　城																				
05	秋　田															3	8			3	8
06	山　形																				
07	福　島																				
08	茨　城							2	5	5	10	1	1			3	4	2	2	13	22
09	栃　木									1	1	1	1	2	2	1	2	2	2	7	8
10	群　馬							1	2											1	2
11	埼　玉							1	1	1	1									2	2
12	千　葉							1	1			2	13	1	1	2	11			6	26
13	東　京									1	1			1	2					2	3
14	神奈川									4	4			1	1					5	5
15	新　潟															1	5			1	5
16	富　山																				
17	石　川															2	2			2	2
18	福　井																				
19	山　梨											2	3			1	1			3	4
20	長　野	1	9							1	1	1	1			2	2			5	13
21	岐　阜											8	12	9	15	2	4	4	7	23	38
22	静　岡													2	2	1	1	1	1	4	4
23	愛　知									1	1	1	1	4	4	2	2	1	1	9	9
24	三　重													1	1			2	3	3	4
25	滋　賀			1	1					2	2	2	2	1	1					6	6
26	京　都											3	3							3	3
27	大　阪																				
28	兵　庫															5	6	5	3	10	9
29	奈　良													1	1			1	1	2	2
30	和歌山																				
31	鳥　取													3	3	1	1	7	11	11	15
32	島　根													1	1	1	1	1	1	3	3
33	岡　山											1	1							1	1
34	広　島									2	3	2	3	4	4	2	2	3	3	13	15
35	山　口																	4	4	4	4
36	徳　島																				
37	香　川															2	2			2	2
38	愛　媛											1	1					1	1	2	2
39	高　知																				
40	福　岡															4	4			4	4
41	佐　賀																				
42	長　崎																				
43	熊　本															2	2			2	2
44	大　分																				
45	宮　崎																	4	7	4	7
46	鹿児島															2	2	1	2	3	4
47	沖　縄																				
年度小計		1	9	1	1	0	0	5	9	18	24	25	42	31	38	39	62	39	49	159	234
累計				2	10	2	10	7	19	25	43	50	85	81	123	120	185	159	234		

2018.04.08　農林水産省　監視伝染病の発生状況から筆者作成

ん。

おかしな状態でミツバチが死んだ場合、感染病を疑ってください。そして、家畜衛生保健所へ届けましょう。

アカリンダニ症は届出伝染病ですが、ほとんど届けがありません。農林水産省のデータを見ても届出数が少ないため、病気の発症自体が少ないと判断されています。実際には大変な数の日本ミツバチが死んでいますが、この現状では、対策もニュースにもなりません。

日本ミツバチ養蜂家のみなさんが、届けて現実を知らせることが大切です。顕在化させることが日本ミツバチを守ることになるのです。

ミツバチの様子がおかしい、弱ってきた、死んだようだと思ったら、腐らないように死骸を10～20体ほど容器に入れましょう。そして、家畜衛生保健所に届けて検査してください。時間がないときは、腐らないように冷凍庫へ仮保管して後日届けましょう。

検査する病気の種類は、保健所の担当者と相談して決めてください。死んだ群の数も伝えてください。

そして、その結果をみなさんのウェブサイトやフェイスブックにアップしてください。ミツバチの本当の状況を伝えましょう！

西洋ミツバチの脅威

1 養蜂産業で奪われる生息地

研究者にも日本ミツバチ感染病の感染源だと強く疑われている西洋ミツバチは、養蜂家が絶対逃げないように管理する責任がある昆虫です。しかし、養蜂家によっては管理がずさんな場合もあり、その法的規制もなく、西洋ミツバチ養蜂は広がっています。分蜂したり、逃げた西洋ミツバチが在来種のポリネーターの生息環境に悪影響を与え、生態系を壊していると考えられます。

日本にいる西洋ミツバチは、貪欲に採蜜するミツバチを人為的につくってきた家畜昆虫です。行動半径が広くて群れのハチの数も多く、蜜をたくさん集めることができて、**蜜源植物の蜜の争奪戦においても日本ミツバチを圧倒します。**

また、大量の採蜜を可能にしたのは、西洋ミツバチの能力だけではありません。西洋ミツバチの巣箱の中を見ると、板のような巣枠が縦に並んでいます。その巣枠には、ミツバチが巣をつくる手間を省くために「人工的に蜜蝋でつくった人工巣」を貼り付けています。ミツバチは、本来自分たちで巣をつくってからその中に花の蜜や花粉を貯めていくのですが、人工巣を貼り付けることによって、その作業が除かれます。そうすることで、効率よく採蜜に専念させることができるのです。

このように、西洋ミツバチの養蜂産業が効率的に発展して広がっていくほど、日本ミツバチや多くのポリネーターの棲む地域は限られ、感染病の危険性も高まっています。

2 西洋ミツバチの分蜂放置問題

私が最初に西洋ミツバチの「分蜂」を意識したのは、2013年のこと。我が家の裏に置いていた空の巣箱に、知らぬ間に西洋ミツバチ入っていたときです。日本ミツバチが入ったのかと思って見てみると、あのオレンジ色をした西洋ミツバチでした。小さな群れなので観察用にとそのまま放置していると、秋の終わりに消えていなくなっていました。

そして、翌年の初夏、奈良公園の北部の蜂場の草刈りをしていたときに、弱っていた日本ミツバチの群れの巣箱に、どこからともなくオレンジ色の西洋ミツバチが飛んできました。数匹が巣箱の中に入って、続いて10匹、20匹。瞬く間にすごい羽音とともに、西洋ミツバチの大群がやってきました。そのブーンと響くミツバチの羽音が、だんだんと大きくなってきます。その羽音は、不思議と人を興奮させます。

飛んできた西洋ミツバチは3～4万匹ほどでしょうか、半径20mあたりに西洋ミツバチが

西洋ミツバチは、人類が古代から数千年かけてサラブレッドのように作り上げてきた家畜昆虫

大量の巣箱で行う西洋ミツバチ養蜂

飛んでいます。日本ミツバチでは見たこともないほどのすごい大群です。その大群が、内寸縦・横25cm、高さ45cmの日本ミツバチの重箱式巣箱に入っていきます。やがて巣箱は、溢れるほどの西洋ミツバチに占拠されました。

そのまわりに、営巣した日本ミツバチの巣箱が十数個あったのですが、ひとつの巣箱に入りきらない西洋ミツバチは、全部の巣箱に入ろうとして、蜂場全体を占拠しそうな勢いです。重箱式巣箱の段数をひとつ足して、高さ60cmにして様子を見ていると、大半が巣箱に入っていきました。西洋ミツバチによる巣箱の乗っ取り（移動）は完了したようです。

西洋ミツバチも分蜂するときに群れの約半分が巣を出るわけですが、これほどの数の分蜂は考えられません。近くの養蜂場から何らかの原因で逃げてきたのでしょう。

巣箱に入った西洋ミツバチを、飼って観察してみようかとも思いましたが、他の日本ミツバチの巣に入って、盗蜜したりややこしい状況になるかもしれないと迷いました。

ミツバチが他の群れの巣に入って蜂蜜を盗ることを「盗蜜《とうみつ》」と呼びます。また、盗蜜するミツバチを「盗蜂《とうほう》」と呼びます。花が少ない夏や秋に、日本ミツバチ同種間や、西洋ミツバチとの間で行われています。

盗蜂については、百田尚樹氏の著書『風の中のマリア』（講談社）に、このような解説がありました。

「日本ミツバチは西洋ミツバチの盗蜂に対してはまったく抵抗の手段を持たない。日本ミツバチが西洋ミツバチによる組織的盗蜂にあえば、巣の中のすべての蜜を奪われる。多くの場合、日本ミツバチは餓死して全滅する」というものです。やはり大変なことなのです。

また、この西洋ミツバチの群れがもっと大きくなって分蜂するのだと想像すると、やはり飼えないという結論に至りました。

このように、分蜂や逃避した西洋ミツバチによって、在来種の日本ミツバチが脅かされ、他の花バチたちも蜜源を奪われることはわかっています。しかし、どう処理したらいいのでしょう？　外来種の西洋ミツバチを放っておくわけにはいきません。結局、かわいそうですが、巣箱の入り口を閉じて、蜂場の角に移動しました。「巣箱に閉じ込められた西洋ミツバチには責任はないのだけどなあ」と、もやもやとした気分の悪い出来事でした。

日本ミツバチが壊滅的な状況でも、西洋ミツバチの逃げた群れは、毎年のように日本ミツバチの巣箱にやってきますが、それをどう始末するかが問題です。閉じ込めて殺しても気分はよくありません。どう対応すべきか、今でも悩んでいます。

そうこうするうちに2017年の春、越冬して4月まで生き残った西洋ミツバチの群れがありました。日本ミツバチの巣箱の西洋ミツバチです。越冬しないと思っていたら、まさかの出来事です。

春先になると、日本ミツバチよりも勢いよく群れが大きくなっていきます。このままだときっと分蜂します。かわいそうですが、また巣門を閉じて封殺しました。

2016年に日本ミツバチが壊滅したあと、野山に巣箱を置いても日本ミツバチは全く入らず、代わりに西洋ミツバチが営巣するようになりました。

営巣する地域は、近くにたくさんの西洋ミツバチの巣箱がある地域が多いようです。

町の中に現れる西洋ミツバチの大群は、時々テレビのニュースで話題になります。アナウンサーは「自動車に群がった西洋ミツバチの大群はどこから来たのでしょうか?」と言い、「近くのビルの屋上で〝街中養蜂〟をやっていて、そこのミツバチが来たようです。毎年よくありますよ」とインタビューに答える町の人たち。

このミツバチ騒ぎの原因が何なのか、警察もニュースを配信する側も、町の人もわからずじまいで、知っているのはミツバチを回収しに来た養蜂家のみです。同じような現象は、東京都心をはじめ、全国各地の町中で起きています。

いつしか私は、日本国内で起こるこのような現象を「西洋ミツバチの分蜂放置問題」と呼ぶようになりました。

3 野生化した西洋ミツバチの脅威

ミツバチは、花がたくさん咲く季節に新女王バチをつくって分蜂します。日本ミツバチ養蜂の場合は、人工的に分蜂させることが難しいため、自然分蜂を待つのが一般的ですが、西洋ミツバチの場合は、それとは異なります。西洋ミツバチの群れを増やしたい場合は、女王バチだけを購入して既存の群れに融合させたり、意図的に王台のある女王バチ不在の群れを分割して、新女王バチを増やすなど人工的な方法で行われます。

西洋ミツバチを自然分蜂させないのは、分蜂すると蜂蜜をお腹いっぱいに溜めたまま半分ほどのミツバチがいなくなるので、養蜂家としては大きな損失となります。そのため、巣箱の中に新女王バチが生まれそうな王台を見つけると、切り取ります。すべて養蜂家の管理下で行うことが、西洋ミツバチ養蜂の基本なのです。

では、なぜ管理されているはずの西洋ミツバチが分蜂するのでしょう。このことを西洋ミツバチ養蜂家に聞くと、「分蜂させるのは養蜂家として恥なんです！」とのことでした。これは、養蜂技術が未熟で管理ができていなかったという意味です。

分蜂させたミツバチは養蜂家にとっては損失ではあるけれど、その西洋ミツバチが自然にどのような悪影響を与えるかについては、全く考えたことがないとのことでした。実は、毎年繰り返される分蜂放置は大変な問題です。

本来なら、養蜂家の管理の下で飼育されるべき外来昆虫が、毎年逃げて野山に生息しているのです。秋や冬になればほとんどが死ぬとしても、毎年のように分蜂放置された西洋ミツバチが現れている状況は「分蜂放置の常態化」であり、結果的に、それは西洋ミツバチの野生化と同じ「野生化状態」をもたらしていると考えられます。

２００５年に施行された「外来生物法」の中に、「特定外来生物」というのがあります。「特定外来生物」では、生態系、人の生命・身体、農林水産業へ被害を及ぼすもの、または及ぼすおそれがある外来生物（海外起源の外来種）が特定されています。また、個体だけではなく、卵、種子、器官なども含まれます。

「分蜂放置された外来種の西洋ミツバチ」の場合は、在来種（日本ミツバチなど）の花バチの食料である蜜源を奪います。そして、日本ミツバチに対しては、巣の乗っ取りや盗蜜によって、日本ミツバチの生息を脅かしています。また、病原菌を保菌していても管理できないので、日本ミツバチや他の西洋ミツバチに感染させることも充分考えられます。つまり、分蜂放置された西洋ミツバチは、特定外来生物に該当するのではないかと考えられます。外来生物が在来生物を脅かして、生息に影響を与えているわけですから、排除されるべき対象（侵略的外来生物）といえるでしょう。

多くの養蜂家は、「西洋ミツバチはスズメバチに殺られるので、日本では野生化しない」と説明しますが、実際はそんな簡単な話ではありません。

日本ミツバチの場合は、外敵に遭うと、群れが一斉に羽を震わせるという行動をとります。ミツバチ同士で固まり、ザーザーと震えて威嚇するので、スズメバチであっても一瞬立ち止まります。そして、**スズメバチが1匹の場合は、隙を見て数十匹で一気に包み込んで蜂球をつくり、身体から熱を出してスズメバチを熱死させます。蜂球の温度は46度にもなり、また炭酸ガス濃度は4％となってスズメバチを熱死させるのです。**

大昔から、日本ミツバチが生息する地域にはスズメバチがいて、進化の過程でスズメバチに対抗できる熱殺蜂球を身につけたというのです。

これに対して、西洋ミツバチは、スズメバチの致死温度以上まで熱を上げることができません。本来の生息地域にはスズメバチがいなかったので、その対処法を身につけられなかったようです。また、人間によって家畜化されたために、自分たちで外敵から身を守る術を持たなかったとも考えられています。

西洋ミツバチを観察していると、スズメバチが襲いにくると、無謀にも1匹ずつ抵抗しようと戦いを挑むのですが、もちろん負けてしまいます。そして最後には、群れが壊滅してしまいます。西洋ミツバチが日本で野生化しないと言われているのは、このためです。

しかし、西洋ミツバチが集団でスズメバチを囲んで、呼吸ができないように腹部を締め付けて窒息させる「窒息スクラム（asphyxia-balling）」を行っているという研究が、2007年に発表されました。西洋ミツバチも抵抗手段を持っていたというのです。

日本ミツバチも、2~3匹のスズメバチへ一斉威嚇や熱殺蜂球で抵抗できますが、10匹以上のスズメバチの攻撃になると、西洋ミツバチのように殺られてしまいます。**多くのミツバチが、スズメバチの攻撃で消滅しているのは事実です。**しかし、逃避や、分蜂放置された西洋ミツバチが野生化している現実を見たときに、すべてスズメバチに殺られるのではないことがわかりました。

我が家の日本ミツバチの巣箱に営巣した西洋ミツバチが、越冬して1年以上生き延びたことは前述しました。また、フェイスブックで知り合った三重県度会郡の日本ミツバチ養蜂家の方が、「西洋ミツバチなら野生化していつもいますよ」と当たり前のように言われるので、2017年4月に確かめに行ってきました。

私が見に行ったのは、日本ミツバチの巣箱に西洋ミツバチが営巣して、1年以上たっている現場でした。その巣箱には、西洋ミツバチが元気に出入りしていました。そこで、その近くの西洋ミツバチ養蜂家に「西洋ミツバチが野生化している現場を見たのですが、どう思われますか」と聞いたところ、その方の返答は「エサがあればずっとそこに棲んでるよ！」と、あっさりしたものでした。

2016年4月、沖縄県の西表島《いりおもてじま》西南部の船浮港《ふなうき》に行ったときのことです。海辺の草木の花を見ながら歩いていると、ミツバチの羽音が聞こえたので見渡すと、すぐに日本ミツバチが飛んでいるのを発見！　やはりここにもいるんだなと思っていると、そのそばを西洋ミツバチが飛んでいました。「こんな僻地に、なぜ西洋ミツバチがいるのだろう」と思い、宿に戻って聞いてみると、3～4年まで西洋ミツバチ養蜂をやっていた人がいたが、台風で巣箱を全部飛ばされてから、養蜂はやめたとのこと。私が見た西洋ミツバチは、野生化したものだろうということでした。やはり、逃げたり分蜂放置された西洋ミツバチが野生化しているのだと確信しました。


現在、西洋ミツバチの都市養蜂や、ミツバチ保護と謳っている西洋ミツバチ養蜂家の方が

「ミツバチは、自然の生態系を担っている」などとウェブサイト等に書かれているのを見ると、西洋ミツバチの養蜂家までもが勘違いしているのかと、嘆かわしく思います。

今後、外来種の西洋ミツバチの逃避や分蜂放置が日本の自然生態系を脅かす大きな問題になっていることを、顕在化させていかなければならないと思っています。

農薬散布の現状と安全性の問題

２００６年頃から、蜂群崩壊症候群（ＣＣＤ）と呼ばれる大量のミツバチが失踪する現象が、アメリカを中心にヨーロッパ、日本など、世界中で問題になっていましたが、現在は原因究明の研究が進み、地域によって違いがあるものの、東洋を発生源としたダニやネオニコチノイド系農薬などの複合的要因であるといわれています。とはいえ、ミツバチが失踪する因果関係までは、はっきり解明されていないようです。

ネオニコチノイド系農薬は、農作物の害虫（昆虫）に強力に効く農薬といわれます。害虫の脳を麻痺させ、正常に働けなくさせて駆除するという農薬ですが、ミツバチがそれを浴びると、巣に戻れなくなるという症状が出るそうです。日本国内では、ヘリコプターなどで農村部に散布する際、風に運ばれた農薬をミツバチが浴びて被害を受けているようです。

このような場合、被害を受けるのは西洋ミツバチです。というより、訴える方の多くが西洋ミツバチの養蜂業者だからでしょう。当然、野生の日本ミツバチも被害を受けているはずですが、趣味の養蜂家は利害がないと思われているのか、農薬散布反対の声はなかなか聞こえてきません。

養蜂業者は、ミツバチを守るためにネオニコチノイド系の農薬の使用を止めさせてほしいと訴えていますが、実際は農業従事者の組織力が強いため、なかなか受け入れられないようです。

私から見ると、便利な農薬を使いたい農業従事者と、農村地域で活動している養蜂業者の資産である家畜昆虫が被害に遭うのは、経済活動のせめぎ合いのように見えます。**ネオニコチノイド系農薬の使用については、両者が話し合いをして解決すべき経済問題だと考えます。**自然と安全を尊ぶ者から見ると、このような経済活動は、個々人の利益追求であって、自然生態系にとって悪いことはあっても、いいことはないと思っています。

私は、他の昆虫や小鳥、また人間に対しても、ネオニコチノイド系に限らず農薬使用は絶対反対です。それは、加工食品の裏にたくさん羅列されている添加物表示の「薬漬けの漬物」と同じです。添加物を誰が安全と証明できるのでしょうか？　境界のない空中散布の農薬についてては論外です。その結果、将来にわたる安全性を誰が担保できるのでしょうか？

土地に育った作物は農業従事者のものだとは理解できますが、空飛ぶツバメやトンボ、ミツバチまで殺してもいいのでしょうか？　彼らは誰のものでしょう？　誰のものでもなければ、殺してもいいのでしょうか？

個人が所有できる経済活動の範囲と、所有できない自然を分けて考えなければ、自然は壊されていくばかりです。

しかし、問題が複雑なのは、「ミツバチが農薬で死んだ！」とニュースで報道されると、「ミツバチ全体が死滅する大変な事態」と結びつけてしまう報道姿勢と世論の傾向にあります。それは、報道する人々の前提が、ミツバチは、自然の昆虫だというイメージを持っているからです。日本国内にいるミツバチは皆、同じだと思う誤解からきています。事実を正確に捉えてはいません。

やはり、個人所有の昆虫と自然生態系を守るみんなの昆虫が、同じように議論されて扱われていることが問題なのです。

日本ミツバチが消える要因

日本ミツバチと接して、自然との関係性や生き方を学びながら、「ミツバチと森をつくる」

活動を始めようとする矢先に、まさか我が家のミツバチが壊滅するとは予想もしていませんでした。

既にミツバチは、私にとって単なる昆虫ではなく、「共に生活する者たち」となっていたのです。人には言えない悲しさと、死んでいく彼女らに何もできない情けなさ、そして、感染病だとわかっていても全く動かない、行政や制度へのこみ上げる怒りがありました。また同じことが起きても、彼らには頼れないという失望感もあります。

そして、日本ミツバチ以外の多くの昆虫や動物も、同じような状況に置かれているのだと実感したのです。

私は、野生のポリネーターの代表として日本ミツバチが消える要因を整理して、できることを探っていきました。そこでわかったのが、次のことです。

・森が消える：環境要因

自然の森を保護、再生する時点で、日本ミツバチなどの野生のポリネーターの繁殖環境づくりを行う必要があります。

・ミツバチ感染病：制度要因

日本ミツバチが感染病で壊滅的なダメージを負っている事実を、公的機関は把握していません。日本ミツバチ養蜂家も、西洋ミツバチ養蜂家も、家畜衛生保健所に届け出しましょう。公的な検査機関や伝染病対策への取り組みを現実対応できるように、昔の制度を見直す必要があります。

・ミツバチの誤解：教育的要因

日本の自然環境において、在来種のポリネーターの存在と役割を伝えること。木を植えるだけでは、生態系のある自然の森はできないことを伝える必要があります。

私たち誰しもが、自然の恵みをいただいて生きています。しかし、自然環境がどうなろうと自分の得しか考えない人たち。ミツバチと蜂蜜だけしか興味を持てない養蜂家たち。恵みをもたらす自然環境にとって大切なポリネーターが壊滅的な状況なのに、国や多くの行政、メディアを含め、日本人の「ミツバチの誤解」は、多くの自然への誤解を生んでいます。

死んでいく日本ミツバチを前に、「自然生態系への無理解」をどうにかしなければならないと焦るばかりです。

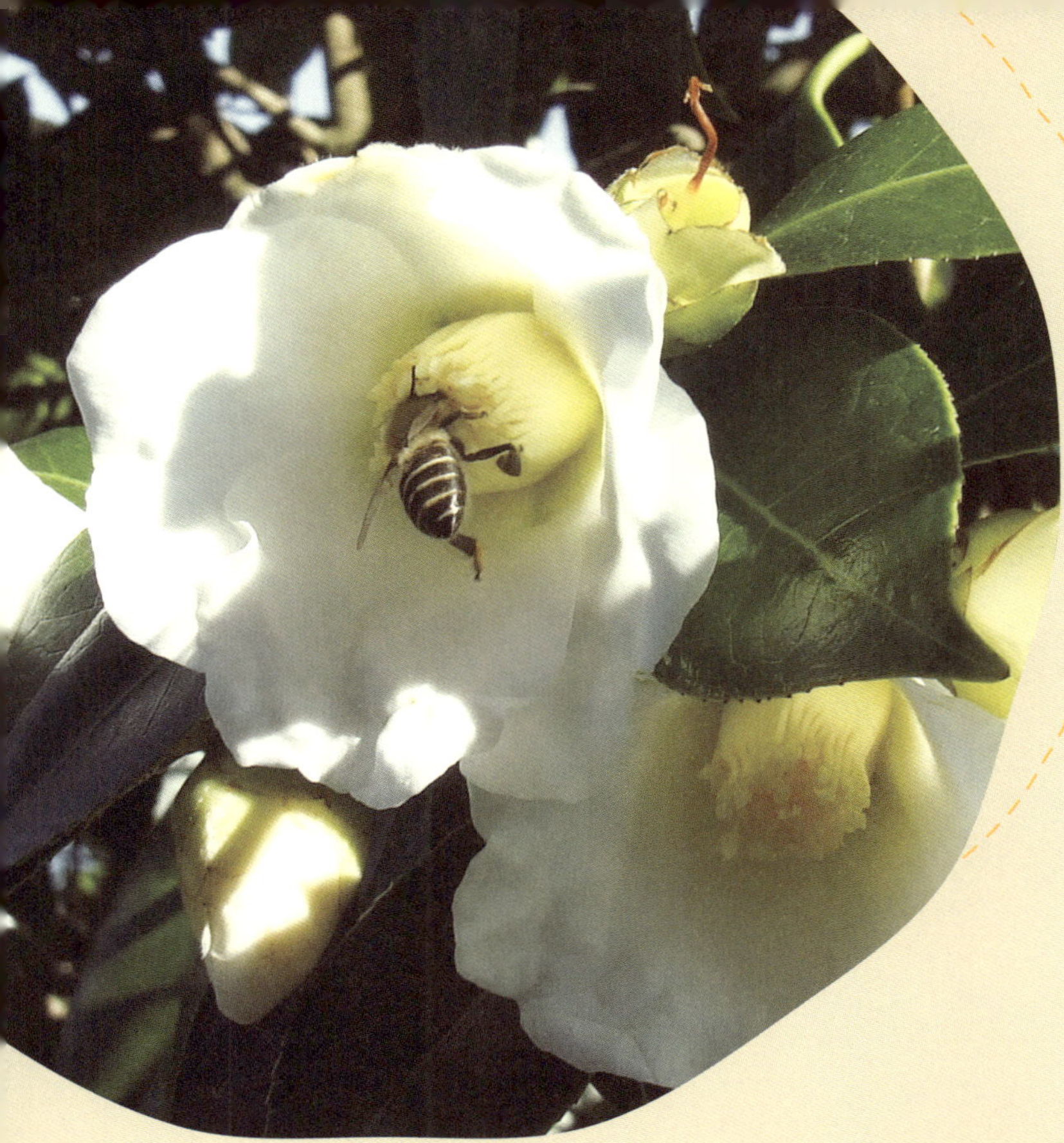

第6章
ミツバチと森は繋がっている

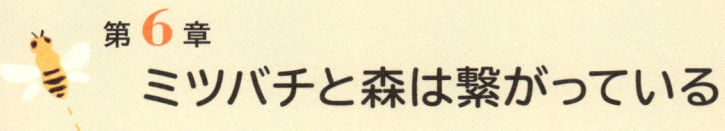

植物の森づくり戦略～花咲く森の誕生

「ミツバチと森をつくる」活動を始めるに当たって、アウトドアの専門家にミツバチと森の話をする機会がありました。そのとき「木に花が咲くんですか？」と聞かれたのには驚きました。その方は、ヤマザクラやツツジなどの主だった花は当然ご存じですが、「野山の草木に全部花が咲くとは知らなかった」とおっしゃっていました。

「そうなんです。花を咲かせないと種子ができません。種子ができないと子孫が残せません。そうなったら、森はできませんよね」

大人は、この簡単な説明だけで、「そうかー、そうだね！」と瞬時に理解できます。しかし、このような簡単な理解が欠落していると、「生態系」や「生物多様性」など、いくら説明しても理解には及びません。

この章では、ミツバチと森との関係や、植物がどのような働きを持っているのか、多様な生物や動物たちが、なぜ森に棲んでいるのかなどを説明して「森のすごさ」を理解していただければと思います。そして、**本当に「ミツバチが森をつくる」**のだということを、自然養蜂家の視点でお伝えできればと思います。

多くの被子植物は、ポリネーターの協力で生息している

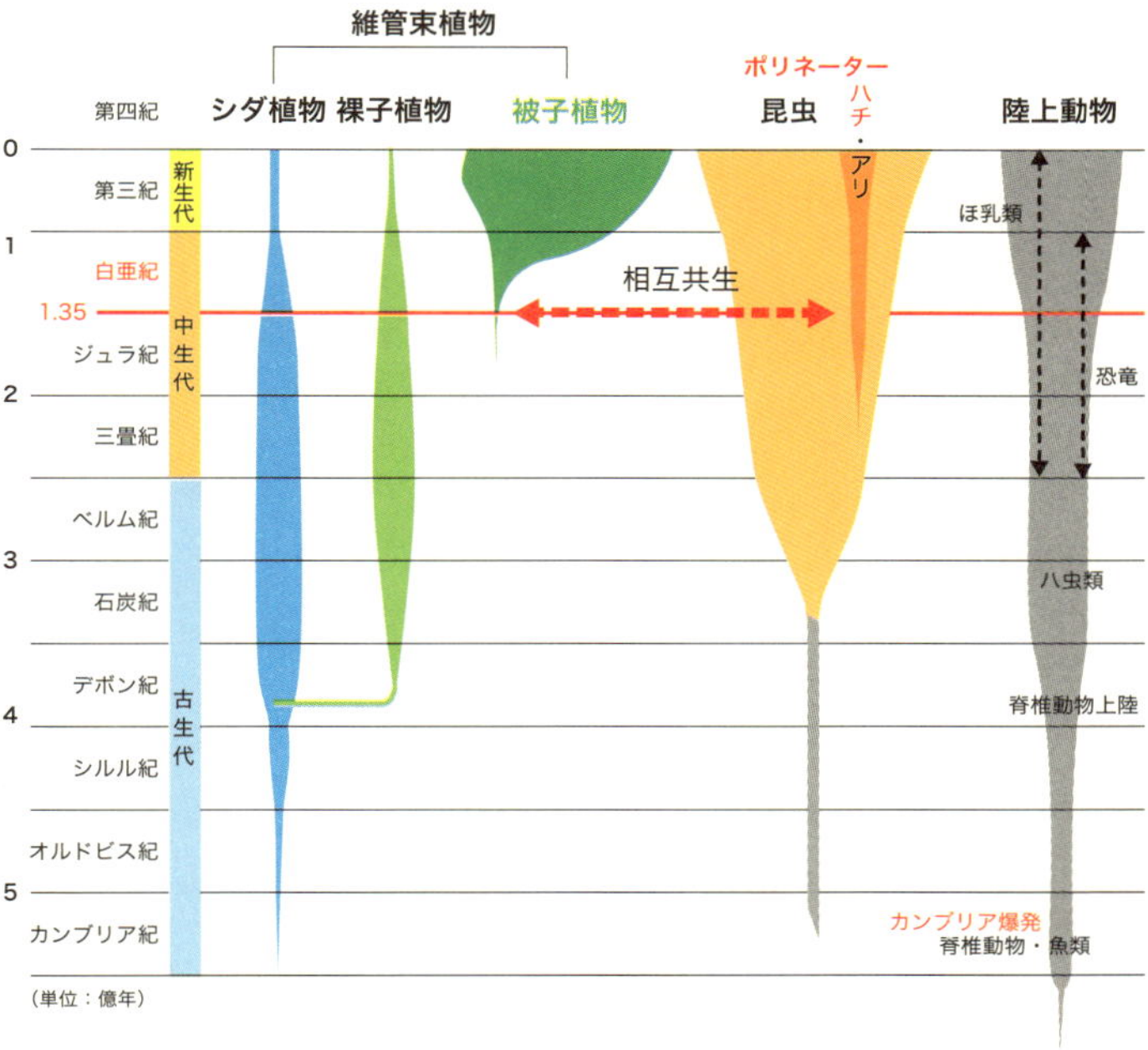

図17 被子植物とポリネーター（送粉者）の発生
（福井県立恐竜博物館　展示解説を参考に筆者作成）

地球は、約45億年前に誕生したといわれます。32億年前、海の中で光と二酸化炭素を使って光合成をすることにより、酸素と栄養素をつくるワカメやコンブなどの藻類が現れました。4億2000万年前に海の藻類などの植物が陸に上がって、コケやシダ植物が誕生します。それらは花を咲かせるのではなく胞子を飛ばして増え、やがて地球はシダ類に覆われていきました。

現在の草木のように花が咲いて「種子」をつくって子孫を増やす「種子植物」が現れたのは、石炭紀の頃といわれます。2億年前の恐竜が全盛の頃、イチョウやソテツなどの種子植物が多く現れ、1億4000万年前頃の森では、スギやヒノキやマツなどの針葉樹（裸子植物）で森は形成されていました。「裸子植物」は、花に子房がないので木の実（果実）ができません。

種子になる胚珠がむき出しになっているので、そこへ風が花粉を運んで授粉させます。このように風の力を借りて授粉する植物を「風媒花」と呼びます。花粉症の原因のスギやヒノキも、風任せに飛ばした花粉で授粉するのを期待して花を咲かせるんです。偶然の授粉を期待しているので、非常に効率が悪いんですね。だから、花粉症になるくらいたくさんの花粉を飛ばすのです。

スギやヒノキのような非効率な「風媒花」とは違う、画期的な植物が現れました。

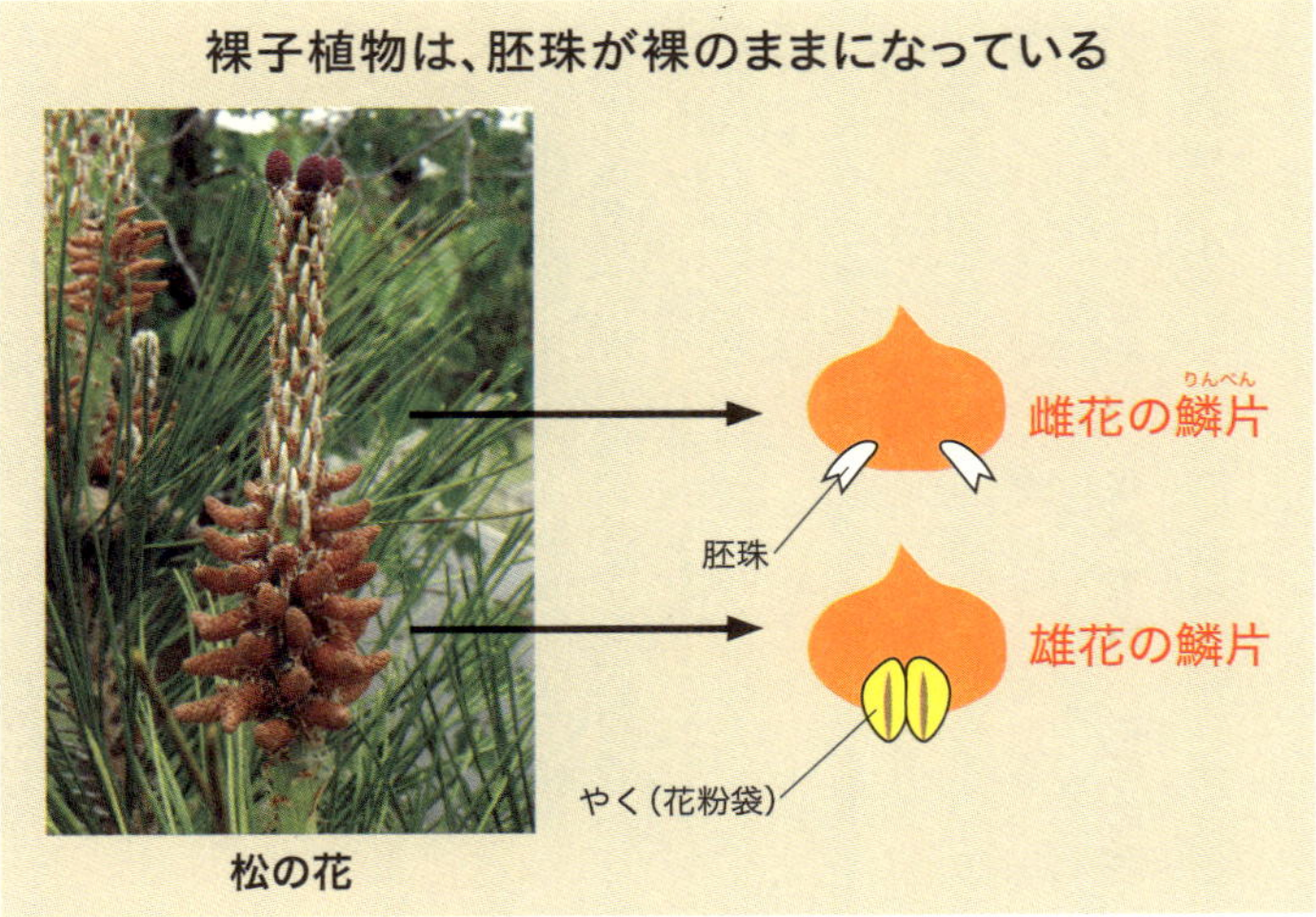

図18 裸子植物の構造

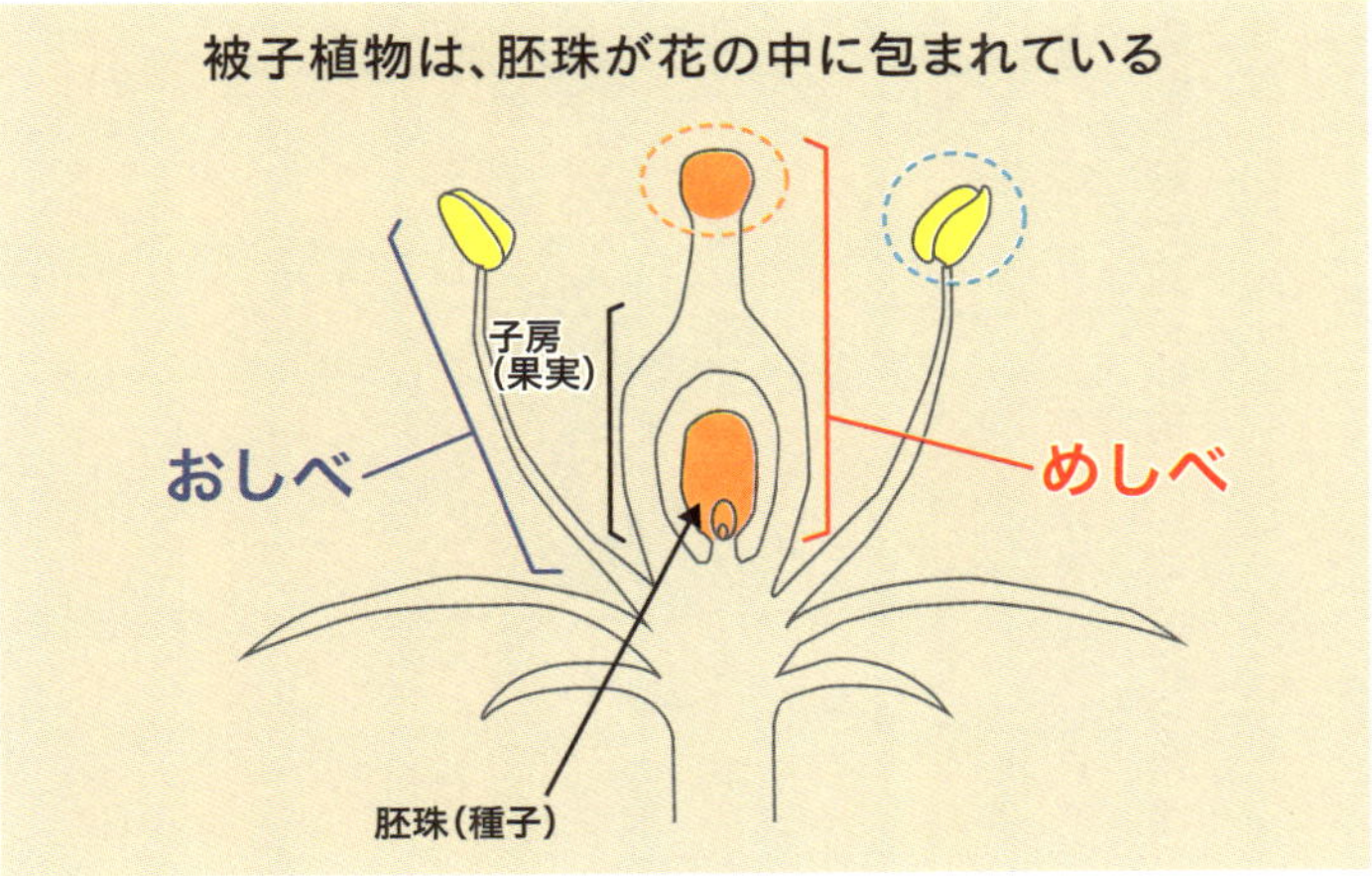

図19 被子植物の構造

1億3000年前頃に、「裸子植物」とは異なる新しい広葉樹の「被子植物」が出現したのです。基本的な花の形態は、「子房」が膨らんで木の実となり、子房の中にある「胚珠」が種子となります。

花には、めしべとおしべがあります。めしべの付け根の子房に花粉が付くと、膨らんで木の実ができます。

花を咲かせて授粉する方法には、風で授粉させる「風媒花」と、ミツバチやアリ、ハエ、アブなどの昆虫に授粉させる「虫媒花」、小鳥、動物に授粉させる「動物媒花」があります。

虫媒花や動物媒花に授粉する送粉者のことを「ポリネーター」と呼びますが、この被子植物とポリネーターの同時出現が、その後の地球の森に大きな影響を与えたのです。ポリネーターと森の共生関係が、このときから始まったと考えられます（以下、虫媒花と動物媒花をまとめて、「動物媒花」と呼びます）。

動物媒花の中でも、カキやミカンやリンゴのように種子をつくると同時に、木の実（果実）をつくる広葉樹の被子植物は地球上に一気に広がって、それまでの針葉樹の裸子植物の森を一変させました。現在では、地球の陸上植物の約9割が被子植物で、その被子植物の約9割がポリネーターで増える動物媒花となっています。

裸子植物の松の花

被子植物の柿の雄花

被子植物の柿の雌花

日本ミツバチ（ポリネーター）がつくる日本の景色

早春の陽だまりの中、ウメが花を咲かせます。麗しい香りを漂わせ、香りは風に乗って、日本ミツバチが棲む丘の向こうまで届きます。日本ミツバチ（ポリネーター）以外の昆虫は、みんな冬眠しているので気づきません。

日本ミツバチは、ウメの香りが漂ってきたことで「花の蜜や花粉の準備ができましたよ」という合図を察知します。

気温は8度。香りに惹かれて日本ミツバチは飛んでいきます。たくさんのウメの木が見えてきました。白やピンクの美しい花を開いて場所を教えています。「こっちにおいで、こっちにおいで」と呼んでいます。どの木に行こうか？　どの花に行こうか？　迷いながらも日本ミツバチは、惹かれた花にとまりました。

花にとまったミツバチは花粉を集めます。ウメの花は、ミツバチに奥まで入ってもらおうと蜜を出します。身体にいっぱい花粉をつけたミツバチが、蜜をもらうために花の奥まで入り込んだとき、授粉された花は満足するのです。

ひとつの花が出す蜜は少しです。少しずつ、少しずつ出すことで、ミツバチはたくさんの

大根の花粉を集める日本ミツバチ

大根の花を訪れるビロードツリアブ

夏の暑いさなか、ヤブガラシは貴重な蜜源だ

花を訪れることになります。そうしてウメの木は、日本ミツバチの協力を得ながら、たくさんの実をつけるのです。

このように虫媒花や動物媒花は、自分の子孫を残すためにポリネーターに授粉してもらおうと、ポリネーターの気を惹く「麗しい香り」「花のデザイン」「花の蜜」などで日本ミツバチを誘惑します。花によっては、ミツバチに見えるように、「蜜標」といって、紫外線が反射する模様を花びらに施している場合もあります。他の種類の草木だけでなく、同種の草木にも負けないように、一生懸命に美しい花を咲かせるのです。ポリネーターを惹き付けられない草木は、授粉率が下がるために子孫を残しにくくなります。

私は、ミツバチなどのポリネーター争奪戦の勝敗によって、その地域の植生が決まったのではないかと考えます。たくさん花が咲く春は、ポリネーターを惹きつける虫媒花や動物媒花の激戦期です。負けた虫媒花や動物媒花は、特定のポリネーターに対応した花の形に姿を変えたり、花の蜜を出す時間をずらしたり、繁殖するロケーションを変え、季節を移すなどして、ポリネーターを確保するために環境適応していきます。そして、それぞれの環境で虫媒花や動物媒花とポリネーターとの共生関係を築いていった結果、日本の植生分布が決まっていったのではないでしょうか。**日本ミツバチなどのポリネーターは日本の自然環境に影響し、その景観や、ひいては日本文化にまで影響しているのではないかと想像しています。**

大きな羽音のクマバチ

ミカンの花に訪れる日本ミツバチ

ヤブガラシの花を訪れるアシナガバチ

菜の花を訪れるオオヒメヒラタアブ

ミツバチが授粉したおかげでいっぱい実ったサクランボ

トウモロコシの花粉を集める日本ミツバチ

ミツバチのポリネーション効果

日本ミツバチは、本当に森をつくっているのでしょうか？

その答えは、そんなに難しくありません。日本ミツバチの巣箱を森に置いて、そこに日本ミツバチたちに棲んでもらえば、すぐにわかります。

草木は、営巣した日本ミツバチに授粉してもらうために、たくさんの美しい花を咲かせます。そして、確実に授粉してもらうために蜜を出します。花粉を身につけたミツバチは、蜜を採るときに授粉します。日本ミツバチは巣に持ち帰った花の蜜を保管して、蜂蜜に加工して保存します。その蜂蜜が「森をつくる証」なのです。

では、日本ミツバチのひとつの群れが、1年を通してどれくらいの数の花を訪れているのかを、ネズミモチの花を事例にして、その蜂蜜の量から推測してみましょう。それによって、営巣したミツバチが、巣箱の周辺の草木の花や農作物にどれほど多くの授粉作業を行っているかがわかるでしょう。

（※ネズミモチは「タマツバキ」とも言われ、奈良県地域では6月～7月の初夏に咲く蜜源植物、花粉源植物。果実の黒い球がネズミのフンに似ており、葉がモチノキに似ていること

から名づけられたようです。野山に自生し、（公園や緑地帯などにも植えられています）

〈ひとつの群れの年間訪花数の計算式〉

年間訪花数＝年間採蜜した花蜜の量／1花の蜜量

■年間蜂蜜消費量を導くための仮定条件
1：1匹のミツバチが毎月消費する蜂蜜の量を0・5gとする。
2：群れにいるミツバチの数を、年間通じて平均1万匹とする。

この条件で考えると、
毎月平均の蜂蜜消費量は、0・5g×1万匹＝5000g＝5kg
年間蜂蜜消費量は、5kg×12ヶ月＝60kg　となります。

■年間訪花数を導くための仮定条件
1：蜂蜜の糖度を80％とする。
2：ネズミモチの花蜜の糖度は15％とする。

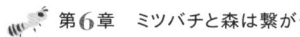

ネズミモチの花

3：ネズミモチの花蜜の分泌量1花当たり分泌量平均0・19mgとする。

この条件で考えると、

・蜂蜜1gを作るのに必要な花蜜の割合＝80／15＝約5・33g
・年間の花蜜採取量＝60kg×80／15＝約320kg
・年間訪花数＝320kg／0・19mg＝1684210526＝16億8000＝約17億個

したがって、ネズミモチを事例にした場合、日本ミツバチが1年間に訪花する数は、約17億個となります。

このネズミモチの事例から推定すると、一群の日本ミツバチがいると、その周辺地域で1年間に約17億個の花を訪れるという推測結果が出ました。

花を訪れ採蜜した数ですから、授粉した可能性があるということです。日本ミツバチの行動範囲は、巣から半径２㎞といわれます。しかし、近くに訪花する割合が高くなるため、巣の近くの草木の訪花率が高くなります。また、同じ花でも、咲き始めや終わり、場所、個体によって出す花の蜜の量は変化しますし、同じ種類の植物でも、糖度や蜜量が異なります。地域の植生によっては、約17億個の訪花数をはるかに超える場合もありますし、蜜量の多い果樹などでは、逆に数億という場合も考えられます。

しかし、間違いなく言えることは、ミツバチの群れがその地域に存在することによって、授粉率は確実に高くなります。

太古の昔から日本ミツバチが森づくりや農作物づくりに深く貢献してきたことがわかります。もし、日本ミツバチがいなくなったらどうなるか、その答えがここにあります。

森の動物たちにも役割がある

テレビのニュースで、「クマが人を襲った」「イノシシが町をうろうろしている」「サルに農作物を奪われた」などと報じています。動物が人間の生活に悪影響を与えることを「獣害」と呼んで厄介者にしています。しかし、そんな動物がみんな死んでいなくなったらどうなるでしょう。虫媒花の「カキの木」を例に考えてみましょう。

カキの木は春に花を咲かせ、ポリネーターに授粉してもらいます。そして、雌花が膨らんで実になっていきます。緑の実は、夏から秋にかけてゆっくりとふくらんでいきます。カキの中の種子が熟して子孫を残せる準備ができると、カキの実は徐々に赤くなります。渋ガキは、種子が熟してくると実も赤く熟して渋みが取れ、甘くなります。実が赤くなるのが熟した合図です。そうすると、鳥やサル、クマなど森に棲む動物たちは、熟した甘くておいしい実を食べに来ます。ここでも草木は、他に負けないように競っておいしい実をならせます。

そのおいしい実を、今度は動物たちが競ってお腹いっぱい食べます。木の実をいっぱい食べたサルやイノシシ、リスやウサギなどは、森のあちらこちらを移動しながらで「フン」をします。果実とともに飲み込んでしまった種子は、フンとともに排泄されます。クマは一日に10～20km も移動するといわれます。鳥は、遙か遠くまで飛んでいきます。動物たちのフンは肥料にもなるので、合理的な種まきをしていることになります。やがて、種から新たな草木が芽を出し、森が広がっていきます。

野イチゴやナンテンの赤い実、モチノキの赤い実、シイの実など、木の実をつくる草木は、森の動物たちを媒介として、遠くまで種を運んで撒いてもらっているのです。

「クマやイノシシ、シカやサルなどの害獣は、別にいなくてもいいんじゃないですか？」

朱く色づく豆柿

柿の実と種子

鳥のフンには種子がいっぱい

「何が困るのですか？」と言われる方がいます。森を壊して、彼らを追いつめて、彼らの役割を奪ったと知る人は、どれほどいるのでしょうか？

植物が求めた「ひとつの生命体」

森に棲むポリネーターや動物の存在が、植物主導の相互作用から生まれたと考えると、「ひとつの生命体」（スーパーコロニー）も、同じように植物主導で生まれた「カタチ」かもしれないと思うのです。

虫媒花や動物媒花（被子植物）にとって都合のいいポリネーターとはどのようなカタチかを考えてみると、植物は仲間との競争の中でたくさん子孫を残したい。そのためには、たくさんの実と種子をつくりたいので、たくさん花を咲かせたい。そして、たくさん確実に授粉してほしい、という要求があります。

そのためにかぐわしく、美しく、麗しく、おいしい蜜を出す花を咲かせます。それでは、それに応えるには、どんなポリネーターが理想的でしょうか。それは、広範囲に咲くたくさんの虫媒花や動物媒花を訪れることが可能な、空間移動できる機動性があること。一気に花が咲くときに対応できる数の多さがあること。そして、四季折々、寒い冬でも冬眠

ひとつの動物のような日本ミツバチの蜂球

多様な花が咲く春日山原始林

せず、年間を通じて安定的に授粉してくれるポリネーターです。日本ミツバチは、それらの要件を満たし、かつ群れが分蜂することで、増殖性においてもすぐれているポリネーターです。

そして、日本ミツバチの群れというひとつの生命体は、成虫として分裂して増えるので、常にポリネーターとして働きが安定しています。

このように植物（虫媒花や動物媒花）が、その発生と進化の過程において、ミツバチをひとつの生命体のカタチへと進化するように求めたであろうと想像しています。

ミツバチの群れが「ひとつの生命体」かもしれないと感じていろいろ調べてみると『ミツバチの世界』という本の中で同じような研究がなされていました。そこには、「スーパーコロニー」ではなく、「スーパーオーガニズム（超個体）」という表現で説明されています。アプローチは違いますが、ミツバチに対して、私と同じように感じる人たちがいることに驚きました。そして、ひとつの生命体という捉え方が間違っていないことを確信したのです。

私は、日本ミツバチの自然養蜂をする場合、ミツバチだけではなくミツバチと森との関係性を見ています。森の豊かさが、日本ミツバチにとっての豊かさをもたらすと思うからです。そして、その共生する生態系のカタチを、実は植物たちが主導的につくってきたと捉えています。

私が管理していた１００群の日本ミツバチが壊滅したときに感じた「どっしりと重い悲しみ」は、単にたくさんの昆虫がいなくなったということではなく、愛犬が次々と死ぬような大きなショックでした。そのときの思いは、ミツバチの群れが「スーパーコロニー」だと感じていたからに他ならないと、納得しました。

植物がつくる豊かな土と水源

太古の地球上の陸地は、火山活動などで作られていますから、基本的に溶岩などの岩と岩が砕けた砂、そして火山灰です。やがて藻類が陸上に上がって、コケ類、シダ類や種子植物

落葉広葉樹の森は土が豊富

山の表面は土、その中は砂と岩

へと進化します。また、同時に昆虫や動物が出現したと言われています。

植物が陸に上がると、やがて岩や火山灰の上に「土」が生まれます。

本来の「土」は、植物や動物などが死んだり腐ったりして、それをミミズや微生物などが分解した有機物でできています。その証拠に、森の土を高温で焼いてみると、土が燃えたあとには石や砂などが残ります。本来の土は燃えるのです。

一方、岩は砕けて砂になります。砂が粉になると粘土になりますが、その粘土は熱しても燃えず、陶器のように固まります。

このように、山は岩や砂と土でできているのです。特に、落葉広葉樹の森で落葉や多様な生物がいる場合は、微生物や菌類も多く、栄養豊かな土がたくさん生まれます。その土に、木の実や種が落ちて新たな草木を育みます。そして活発な自然の生態系によって、豊かな森が広がっていくのです。

土がたくさんある森に雨が降るとどうなるのでしょうか？

ふわふわとスポンジのようになった有機物の土は、水を吸い込んで溜めます。よく、森がダムのような働きをするというのは、このためです。雨水が地表を流れていくのではなくスポンジ状の土に吸収されるので、地下水も自ずと豊かになります。そして、山全体が豊かな水源となります。

ちなみに、**スギやヒノキの人工林は土をつくるのが苦手です。**針葉樹ですから葉はあまり落ちません。また、針葉樹の葉は腐りにくいので、土になりにくいのです。傾斜地の人工林に大雨が降ると、少ない土が水とともに土砂として流れてしまいます。**土が少ない人工林はダムの役割も果たせなくなり、やがて土砂崩れが起きやすくなってしまうのです。**

豊かな森に雨が降ると、葉っぱや枝とともに土が山から流れ落ちます。栄養分豊かな腐葉土や葉は、川の生態系にとって重要な栄養源です。川に流れた落葉は、トビゲラやカワゲラなどの水生昆虫の餌になります。川魚は、水生昆虫や流れてくる土壌生物が大好物です。

そして、その水が海に流れます。海底に栄養分豊富な土が流れ込んで、海草などの肥料となります。その海草が育ち、多様な海の生物が生息できる環境が生まれます。海の中に海草の森ができるのですね。多様な生物がいる豊かな森が川の上流にできると、海までが豊かになるという、生態系の仕組みです。

このように豊かな森が、林業や農業、漁業などの基盤をつくっています。しかし、人口増加と都市の巨大化によって、森と人々との距離が遠く離れてしまい、「木に花が咲くんですか？」と言ってしまうほど、身近な自然すら現代人は忘れてしまっています。

第7章

ミツバチに学ぶ「生きた森づくり」

「ミツバチと森をつくる」ビーフォレスト活動

日本ミツバチ減少要因は、自然環境・制度・教育などすべて人為的な問題です。その中で、私たちに何ができるかということを考えるだけではなく、実践的に変えていくことを始めています。

蜜源植物の多い自然林が減少すると、日本ミツバチも減っていきます。また、自然林の減少は、棲み家となる空洞のある木の減少も招き、日本ミツバチは民家の縁の下や倉庫、神社の社に棲んでは駆除されたりしています。

そのような状況が見えてきたことから、私は２０１３年頃から、自然養蜂をやりながら、日本ミツバチを増やすために、近くの森に巣箱を設置し始めました。そして、ミツバチの観察会なども行いながら、ミツバチに対する誤解や日本の森の現状も伝えていましたが、その活動は私ひとりの小さな声にすぎませんでした。

しかし、２０１５年頃から、感染病で日本ミツバチの生息状況は一変しました。

「もし、ミツバチがいなくなったら、日本の自然はどうなるのだろう？　そして、私たちもどうなるのだろうか？　みんな気づいていないけれど、何か大変なことが起きている」と、

ビーフォレスト活動

みんなで巣箱をつくります

森に巣箱を設置します

設置する巣箱には名札を付けて管理します

ミツバチの様子を観察します

子供たちもミツバチが森をつくる仕組みを学びます

険しい山でも巣箱を設置します

ビーフォレスト・クラブの巣箱。ミツバチを増やすための巣箱は、数種類のタイプがある

大きな不安に襲われました。

そして、妻と相談して、現状が少しでも回復できるように、できる限りのことをやろうと決めたのです。我が家は、自然農法のお米と、野菜や果樹づくりで、できるだけ自給を進めながら、ビーフォレスト活動を行うことにしました。

ミツバチの感染病は、２０１６年には近畿以外にも広がっていたので、ビーフォレスト活動を一部の地域に限定しないで、できるだけ広域に行う必要性を感じていました。日本ミツバチが生息していない北海道以外の日本全域で、この活動は必要です。

感染病を減らすためにできることは何だろう？　と考えたものの、「感染源の調査」を行うべき公的な機関は全く動きません。一部の研究者は積極的に調査に動いていたのですが、何があったのか、２０１８年にはそういう動きも見られなくなりました。日本ミツバチが減少する要因が環境、教育、制度の不備であるとわかってきたのですが、私にできることは限られています。

そこで、２０１５年につくった「ミツバチと森をつくる」ビーフォレスト・クラブの仲間と、「巣箱を設置して日本ミツバチの繁殖環境をつくる活動」〈ビーフォレスト活動〉を実践的に進めることに集中するようにしました。

「ミツバチと森をつくる」ビーフォレスト活動は、以下の3ステップです。

1．ミツバチを増やす森「ビーフォレスト」を増やします。
日本ミツバチが繁殖しやすい環境づくりをするために、ビーフォレスト活動ができる森や里山、公園、農園などを探します。

2．巣箱を制作してビーフォレストに設置します。
会員が協力しあって巣箱を制作して、ビーフォレストに設置します。

3．ビーフォレストの巣箱管理をして本部に報告します。
ミツバチが入りやすいように清掃して、営巣したら本部に報告します。

このようなビーフォレスト活動が全国に広がれば、日本ミツバチの誤解も解けて、日本ミツバチも増えていくと信じています。

ミツバチがつくる森の生態系

ビーフォレスト活動を進めていく中で、たまに参加される会員が活動に疑問を持っていたらしく「ミツバチが森をつくるというのは、どう考えてもおかしいのでは？」と言い出しました。

森に棲む日本ミツバチ（ポリネーター）が蜂蜜を貯めることは、授粉をしている「証」です。それによって森の草木も増えていきます。即ち、授粉している日本ミツバチやハエやアブ、アリや鳥などのポリネーターたちがいなくなれば、森の草木の多くはなくなるということです。そう私は説明していたのですが、どうも納得いかないようでした。

その後、しばらくしてわかったことがありました。森をつくるというときの「森」の意味や定義が違ったようなのです。

私たちの活動は、樹木を植えて森をつくるという活動ではありません。「ミツバチと森をつくる」という呼び方は、ミツバチが草木の花を授粉することによって、ミツバチは花の蜜や花粉という食料を得ます。草木は、同種の他の草木の遺伝子をもらいながら、強い子孫を残すことができる共生関係を築いていきます。豊かな森は、長い年月をかけて多様な生物が繋がる生態系をつくってきました。

私たちの暮らしに欠かせない食料や水の供給などの基盤は、その生態系から得られる恵みによって支えられています。現在これらの恵みは「生態系サービス」と呼ばれて注目されています。多様な生物による生態系のある自然環境は、人類にとって価値があり大切だという意味です。**「ミツバチと森をつくる」という呼び方は、生態系サービスを象徴的に表しているのです。**

それを前提に「森」という言葉の意味を考えると、森は木が多いことだけを指すのではないことがわかるのです。

多様な生物が、その命を繋げて生態系をつくっています。ミツバチは、その生態系の重要な一環です。人工林ばかりで、生物がほとんどいない森林に手を入れて「森づくり」と表現される方もいますが、私は、それは森ではないと思っています。

「ミツバチと森をつくる」ビーフォレストは、多様な生物がいる生態系サービスを発揮できる「生きた森づくり」を目指しているのです。

また、こんな質問をされる方もいます。「ビーフォレスト活動によってミツバチばかりが増えてしまうのではないですか?」と言うのです。

これらの質問も、生態系という意味を理解するとわかります。花の蜜と花粉を食べる日本ミツバチは、その蜜源の量以上に増えることはできません。また、他の花バチが花の蜜や花粉を集めるのを、日本ミツバチが阻害することもありません。

ビーフォレスト活動は、棲むところが少ない日本ミツバチに、自然巣となる木の空洞の代わりに繁殖環境となる巣箱を置く活動ですから、日本ミツバチが少なくなった今の自然環境下でも、ある程度は増やすことができると考えています。

野生の生き物は、外敵がいない繁殖環境がある場合、食料（蜜源植物）に比例して増えていきます。スギやヒノキに覆われた地域でも、実際に巣箱を設置すると、日本ミツバチが営巣する場合があります。私たちには見えないどこかに蜜源植物があるのでしょう。ビーフォレスト活動は、その地域の潜在的な蜜源量に応じて、日本ミツバチに増えてもらおうというものです。

実際に日本ミツバチが営巣すると、その地域の授粉率が高くなり、木の実と種子がたくさんできますから、森の拡大や更新、農作物等の実つきがよくなるのは間違いありません。生態系サービスが高まったといえるでしょう。

ミツバチを増やす森づくり

日本ミツバチを増やす森、「ビーフォレスト」を増やすには、まず場所探しから始めます。そのためには、人様の山に無断で巣箱を置くのではなく、地主さんや管理者さんに許可をもらう必要があります。

奈良に移住して農地探しをしたときと同じように、誰も頼れる人がいないところからの出発です。農業は私や家族のための土地探しですが、「ミツバチと森をつくる」ビーフォレストは、自分たちだけのためではありません。

日本には、いくらでもビーフォレスト候補地があるように思えますが、これがなかなか簡単ではないのです。

そこには、「日本人の間違ったミツバチのイメージ」や「ミツバチの誤解」「森の誤解」による壁が何重にも立ちはだかっていました。

ビーフォレスト探しのときに説明する内容を書いてみます。

①ビーフォレスト・クラブの活動趣旨を説明します。養蜂や営利目的ではないことを説明します。
②日本には森に棲む在来種の日本ミツバチがいることと、その役割を説明します。
③日本には2種類のミツバチがいること。その役割や有用性は違いますが、日本ミツバチはみんなのためのミツバチだということを説明します。
④日本ミツバチが激減していること、いなくなると自然が壊れて、私たちの生活にも支障が出ることを説明します。
⑤巣箱を設置することによって、ミツバチの繁殖環境ができます。
⑥ミツバチが営巣した場合、一群で周辺の植物に年間数億から数十億個の花に授粉して、自然環境や農作物に貢献します。
⑦ミツバチが人に危害を加える可能性について説明します。ミツバチは刺すと自分が死ぬので、攻撃しない人を刺すことは基本的にありません。しかし、いたずらされる可能性のある場所では、周辺にロープを張って、その目的と注意を喚起する掲示をするなどの対応をするか、目立たない場所に設置します。または、営巣した時点で移動します。
⑧巣箱の管理は会員が行います。1～2ヶ月に一度、巣箱と周辺掃除等を行い、営巣状況をクラブ本部に報告します。管理者以外は巣箱を触りません。巣箱には、その旨と連絡先札

（電話番号）を貼っています。

⑨報告された営巣状況を年に一度集計します。日本ミツバチの生息状況による自然環境を評価し、公開できるように「ポリネーター環境指標づくり」に挑戦しています。将来的には、生態系サービスの指標となればと考えています。

個人の地主や管理者さんの場合、あるいは日本ミツバチをご存じの方は、主旨を聞き、実際の巣箱を確認することで、多くは賛同と許可をいただいています。都道府県や市区町村（自治体）の場合は、事前に職員や責任者（市区町村の首長）に説明を行います。そして、理解と了承を得たあと、自治体が所有している山林や公園などでビーフォレストを行っています。

また、自治会、環境活動組織、企業、大学や高校などの管理地で行う場合も、事前説明を行い、現地確認をしていただいて実施しています。

しかし、最初の説明だけではミツバチの誤解が十分に解けず、理解されないこともありますが、ビーフォレスト活動を行う中で理解が深まっていきます。特に、置いた巣箱に日本ミツバチが営巣すると、一気に興味と理解が深まるようです。

巣箱管理とミツバチへの思い

ビーフォレストが増えていくと、毎月一度、巣箱の清掃や日本ミツバチが営巣しているかどうかの確認のために、会員が手分けして「巣箱管理」を行います。

巣箱は野山に置きますから、巣箱周りの草を伸びたまま放っておくと、入り口を塞いでしまいます。巣箱管理をする際、巣箱の回りの草刈りやクモの巣を撤去するなど、環境を整えます。空の巣箱にヤモリやクモ、アリなどが入っていたりすると、家探しに来た偵察バチが食べられたり、嫌がったりして、棲んでくれません。簡単な作業ですが、営巣してもらうには大切な作業です。巣箱管理の方法は、巣箱管理研修会でお伝えしています。

普段、自然環境に触れていない人の中には、初めての巣箱管理を大変だと思う人もいますが、草を刈ったり虫などを掃除していると、季節の変化とともに、いろいろなことが起きるとわかってきます。やがて作業の要領もよくなり、周りの草木の変化を楽しむことができるようになります。

また、自分が管理しているビーフォレストの巣箱にミツバチがやってくると、言葉にできないくらいの感動と充足感に満たされます。それが自分で作って設置した巣箱ならなおさらです。そして、台風などが来ると、今度は「ミツバチは大丈夫だろうか?」「巣箱はどうなっているのか」と心配になり、巣箱管理だけではなく、日本ミツバチに会いに行きたくなるようになります。

ミツバチたちが花粉を運ぶ姿を見ていると、森や農作物に授粉している実感が静かに湧き上がってきます。そして、ミツバチとともに四季の変化を感じながら、一年を過ごすようになるのです。

ある年の春、女性の会員の方が、鎮守の森のビーフォレストに自分で作って設置した巣箱の様子を見に行ったときのこと。花粉を抱えた日本ミツバチが、巣箱から出入りしていたのです。それは、初めてミツバチを通して自然と繋がった瞬間です。驚きと感激で、彼女は大喜びで会員専用のフェイスブックに報告されていました。

そのミツバチたちは元気な群れで、みるみる大きくなっていきました。ところが晩秋に仲間と見に行ったとき、巣箱にミツバチの気配がなくなっていたのです。重い巣箱の中を覗くと、ミツバチの死骸がたくさんありました。蜂蜜もたくさん残したままだったと報告されています。そして、「1ヶ月前は元気だったのに、どうしていなくなったのでしょう?」「死んだ理由は何でしょうか?」と、嘆いていました。

日本ミツバチへの思い入れが強かった分、ショックが大きく、気持ちの持って行きようがない状態でした。

しかし、ひと月に1回ほどの管理観察では、原因を特定するのはなかなか難しいのです。私は、みなさんに「ミツバチは、どうなったのかわからないけれど、残った大きな巣を見てわかるように、ミツバチたちはいっぱい授粉して働いてくれました。また、そこに巣箱を置かなければミツバチは棲んでいなかったわけです。管理してくれたみなさんが協力した成果ですね。ご苦労さまです」と声を掛けます。

ミツバチがやってくると嬉しく、いなくなったり死んでしまうと本当に悲しくて、「一喜一憂」します。しかし、自然界では、こうしたことが繰り返し起きています。がっかりしすぎて「ミツバチと森をつくる」ことが途切れないように、また「来春、どこからかミツバチが来られるように、巣箱を掃除して待ちましょう。そして、今度は分蜂して増えてもらいましょう」と励まします。

私たちができることは、森を壊さず、虫や動物を殺さず、自然の流れを邪魔しないことです。われわれ人間にとって必要な、自然の生態系を壊さないことです。

自然巣のミツバチをよく見ていると、ずっとそこにはいないことがわかります。1～2年いても、ある時期にいなくなる場合が普通です。理由はわかりませんが、寿命で死ぬか、何らかの都合で営巣が途切れるのです。

野生の昆虫や動物の住居は、人間と違って死ぬまで定住することはほとんどありません。気候や地形、地殻変動などの大きな環境変化に対応しながら生きているからです。自然の生態系は、「動的平衡」といって、常に新陳代謝を繰り返し、死んでは生まれてを繰り返しながら均衡を保っています。**日本ミツバチの群れの生死も、自然の大きな流れや変化に対応しているのだと理解しなければなりません。**

一喜一憂しながら、それを受容していくことも大事だとわかってきます。森の生態系が機能して維持することこそが大切なのですから。

自然の豊かさを計る「ポリネーター環境指標」

1 ビーフォレストMAPプロジェクト

家畜である西洋ミツバチの蜂群数は、養蜂振興法によって各都道府県に届け出なければならないので把握できるようですが、野生の日本ミツバチの群がどれくらいいるのかと聞かれて、答えられる人はいません。かつて、日本ミツバチの生息に関する調査を行った事例はありますが、調査地域が狭く、地域間の生息密度が比較できませんでした。

また、経年変化の調査をしていないので、日本ミツバチの増減を正確に判断するのも難しいのです。

ビーフォレスト・クラブでは、ビーフォレスト活動で同じような条件の巣箱設置を行うことを利用して、日本ミツバチの営巣状況を調査し、その生息密度や変化を巣箱管理報告によって把握しようとしています。そして、その変化から授粉率が高い地域、低い地域を判断するなど、ビーフォレストＭＡＰ「ポリネーター環境指標づくり」に挑戦しています。

ビーフォレストＭＡＰに掲載する日本ミツバチの営巣状況は、ビーフォレストごとに巣箱の営巣率（％＝営巣箱数／設置箱数×１００）を計算しますが、営巣率が高いところほど、日本ミツバチの生息密度が高いと判断されます。このポリネーター環境指標が、虫媒花の農作物や果樹の実りを生息密度傾向と比較して、豊作、不作の要因となるかを検討する参考指標になればと考えています。

また、海に繋がる森であれば、川や海の環境状況を判断するための参考指標や、動物が山から下りてくる地域等では、奥山の自然林再生などの効果判断を行う参考指標となるかもしれません。

地域によっては、日本ミツバチがなかなか営巣しないところがあります。日本ミツバチがいない環境要因は何か？　また、たくさん営巣する場所の環境要因は何か？　といったことを研究して、日本ミツバチ（ポリネーター）を増やすための具体的な環境づくりに、少しで

表2 日本ミツバチを増やす森＝ビーフォレスト一覧表（2018年）

NO	エリア	BeeForest名	土地管理者
1	奈良県	奈良市高円山東	奈良県有地
2		奈良市高円山西	奈良県有地
3		奈良市奈良公園北部	奈良県有地
4		奈良市川上	奈良県有地
5		奈良市黒髪山キャンプ場西	奈良県有地
6		奈良市黒髪山音楽ホール	奈良県有地
7		奈良市ならやま通り	奈良県有地
8		奈良市護国神社	神社
9		県立民俗博物館 （県立大和民俗公園）	奈良県有地
10		生駒市高山同志社大学 里山きゃんぱす	個人管理値
11		生駒市鹿ノ台	鹿ノ台管理地
12		生駒山麓公園	生駒市・モンベル
13		近畿大学農学部キャンパス	近畿大学
14		生駒郡三郷町龍田大社	神社
15		大和郡山としや農園	個人所有地
16		天理東椿林	個人所有地
17		菟田野月ウサギ	NPO所有地
18		東吉野村谷尻	個人所有地
19		東吉野村平野	個人所有地
20		吉野町殿川村	区有地
21		東吉野大又	個人所有地
22		御所市柏原（水平社博物館）	自治公園
23		橿原神宮裏（畝傍山）	奈良県有地
24		西吉野柿博物館	奈良県有地
25		五條市西吉野町奥谷	個人所有地
26		五條市西吉野町 宗川野 （大井邸）	個人所有地
27		五條市西吉野桜温泉	個人所有地
28		五條市西吉野町西日裏	個人所有地
29		吉野郡十津川村	個人所有地
30		山添村フォレストパーク 神野山	山添村管理地
31		山添村廣瀬	個人所有地
32		山添村勝原西	個人所有地
33		奈良市都祁すずらん苑	社会福祉法人 管理地
34		奈良市都祁友田	個人所有地
35	大阪府	東大阪市枚岡神社	神社
36		三島郡島本町	個人所有地
37		高槻市田能	企業管理値
38		河内長野市滝畑ダム	河内長野市有地
39		河内長野市岩湧山	河内長野市有地
40		岬町	個人所有地
41	兵庫県	丹波市市島	個人所有地
42		小野市	個人所有地
43	和歌山県	みなべ田辺	森林組合管理地
44		西牟婁郡すさみ	個人所有地
45		東牟婁郡和深	個人所有地
46		橋本市梅林	企業所有地
47		那智勝浦町コロコロランド	個人所有地
48		那智勝浦町色川	個人所有地
49		那智勝浦市野々	個人所有地
50		那智勝浦町二河	個人所有地
51	三重県	伊賀市愛農学園高校	学校法人管理地
52		鳥羽市畔蛸神社	神社
53		鳥羽市潮乃崎	個人所有地
54		鳥羽市浦村	個人所有地
55		南伊勢町浮島パーク	町有地
56		南伊勢町神前	町有地
57		南伊勢町棚橋	区有地
58		南伊勢町新桑	区有地
59		熊野市三ツ口山	個人所有地
60		熊野市飛鳥	個人所有地
61		熊野市井戸町	個人所有地
62		御浜町	個人所有地
63	鳥取県	日野郡江府町	個人所有地

2018.09.現在

も役立てられることを期待しています。

2 680億個の花に貢献したビーフォレスト活動

2015年から始まったビーフォレスト活動は、2018年春で3年を迎えました。その間に「日本ミツバチを増やす森」ビーフォレストは、近畿地方を中心に63ヶ所に増えました。毎月一度、ビーフォレスト・クラブの会員が各ビーフォレストの巣箱掃除やその周りの除草などの管理を行い、営巣状況を調査して本部に報告します。毎年100個以上の巣箱を設置し、設置数は2018年9月時点で330箱。そのうち、日本ミツバチが営巣している巣箱は35箱です。営巣していたものの消滅した群れは10箱です。

2018年度の営巣実績を訪花数に換算した場合、ひとつの健常な群れの年間訪花数は17億と想定されます（P171参照）。

次に、それを基にビーフォレスト活動の成果を計算してみます。

・2018年度のビーフォレストの成果
・健常な群数＝35群
・健常なひとつの群れの年間訪花数＝17億個

・途中消滅した群数＝10群
・訪花数を健常な群れの半分とする年間訪花数＝17／2＝8・5億

ここから求められる2018年度のビーフォレスト活動のポリネーション実績は、

・訪花数＝17億×35群＋8・5億×10群＝680億

「ミツバチと森をつくる」ビーフォレスト活動によって、ビーフォレストの半径2km周辺地域の草木に「2018年度は680億個のポリネーションが期待できる」との成果を推定しました。

2019年6月時点では、巣箱設置数は400箱、営巣数は55箱と推移していますが、今のところビーフォレスト数と巣箱数が少ないため、精度はまだまだなので、現時点での生息状況等の評価は控えています。

P203のビーフォレストMAPには、2018年時点でのビーフォレスト別営巣率を表しています。営巣率の高い地域は、日本ミツバチの生息密度が高い地域です。営巣率の低い地域は、日本ミツバチの生息密度が低い地域といえます。

ビーフォレスト・クラブは、今後も日本ミツバチによるポリネーター環境指標（ビーフォレストMAP）をつくっていく計画です。ビーフォレスト活動を重ねていくうちに、ビーフォレストMAPも充実していき、いろいろな活用方法が見えてくることを期待しています。

ビーフォレスト活動のさまざまな形

日本ミツバチを増やすビーフォレスト活動のタイプを、それぞれの活動内容とともにご紹介しましょう。

01 人工林に囲まれた限界集落の夢づくり
～ビーフォレスト吉野町殿川村（ビーフォレストMAP20）

２０１５年の夏、奈良県吉野町の友人の山でビーフォレスト活動を行うために、山の状態を見に行きました。２００haの広大なスギやヒノキの人工林の山です。山の中を歩いていると、４haほどの村がありました。11世帯13人ほどの小さな殿川村です。人がいない山奥の村でうろうろしている私に、「何をしているんですか？」と、ひとりの男性が声をかけてきました。それが荒木健治副区長です。

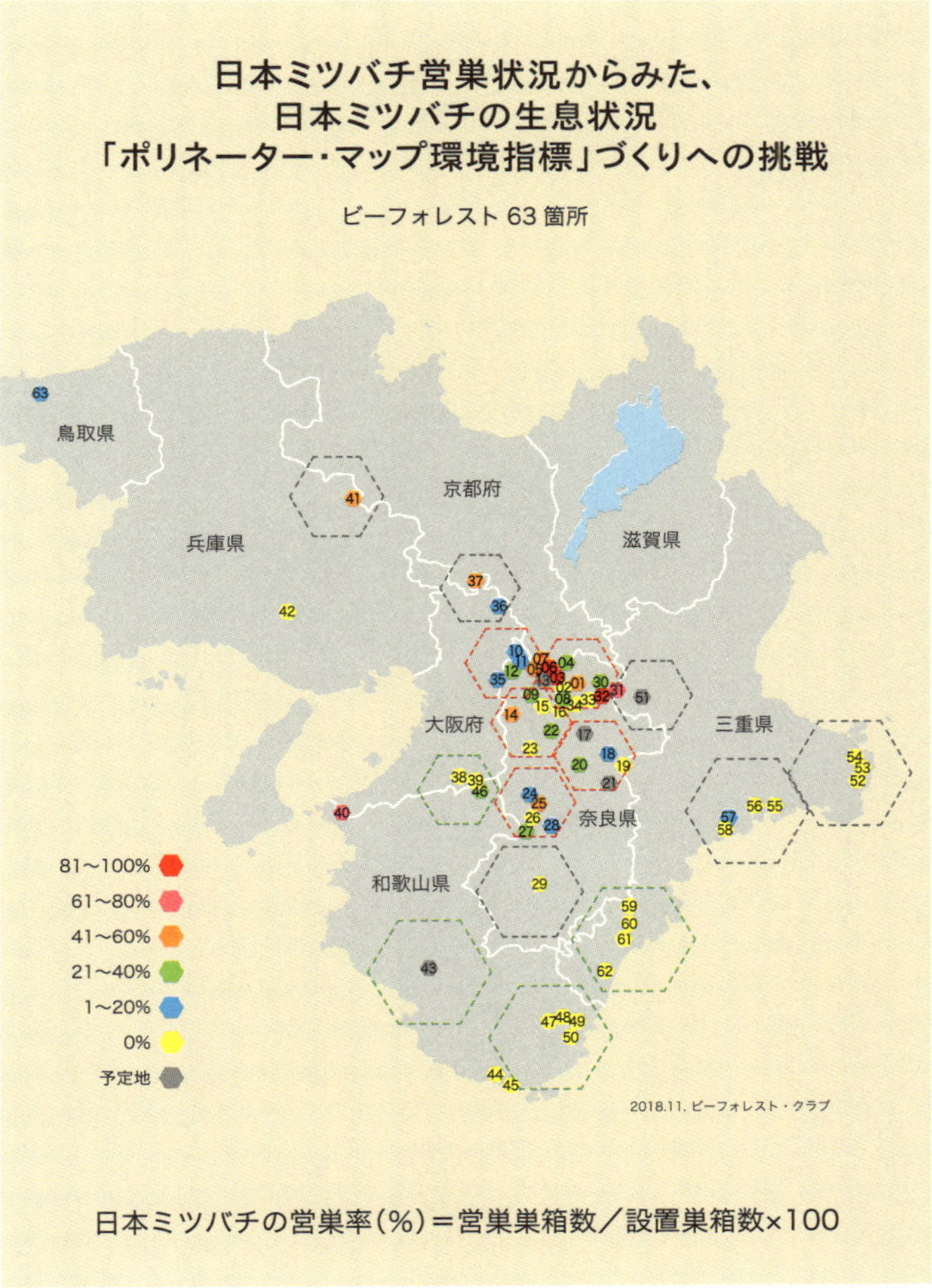

図20 ビーフォレストMAP
（日本ミツバチの生息調査状況：2018）

「ミツバチと森をつくる会で、日本ミツバチを増やすために巣箱を置く場所を探しているんです」と答えると、「こんな人工林ばかりの山でもミツバチはいるんですか?」と聞かれました。「わからないですね、置いてみないと……」と答えると、「実は、ちょうど昨日、家の裏のスギを切って、クヌギなどの広葉樹の木を植えようかと話し合っていたところなんです。自然の森に戻したいなと思っているんです」と言います。

話を聞いてみると、スギやヒノキが植えられる前、1955年頃の村は、広葉樹の自然林に囲まれて、村はリンゴなどの果樹栽培が盛んだったとのこと。

「あの頃は季節ごとに花が咲いて、新緑の森、秋の紅葉などが美しかった。今は年中緑の針葉樹で、木もだいぶ大きくなったけれど、売れないから切ることもできません。木が大きくなって空が狭くなってきたので、息苦しくて……。高齢化が進む限界集落でもありますから、明るい未来が見えないんです」

その話は、私の心に切実に響きました。私は「巣箱を村に置いて、日本ミツバチを増やして、森づくりをしませんか?」と聞いてみました。

すると「いいですね」「やりましょう!」と、話はとんとん拍子に進みました。

2016年の早春、村人に集まってもらって、ビーフォレスト活動の目的や方法などを説明しました。村人の中には、農作物の授粉を期待している人がいたことや、「日本ミツバチがたくさん増えて、殿川村からよその森に行くようになればいいですね」と、竹内一区長とも話が弾みました。

そして２０１６年の春、区長ら村人もビーフォレスト・クラブの仲間になり、10個の巣箱を村のあちこちに置きました。どれくらいたてば昔のような景色に戻るかわからないけれど、ミツバチの巣箱を置くことで、殿川村民みんなに共通の「夢」ができたのです。

２０１６年４月末には、１群の日本ミツバチが営巣しました。２０１９年の春には４群と増えて、少しずつ「夢」に近づいています。

02 鎮守の森づくり ～ビーフォレスト枚岡神社（ビーフォレストMAP35）

２０１４年の春、知人から「東大阪市の枚岡神社の石灯籠に日本ミツバチが巣をつくったのですが、参拝者が危険だから駆除してほしいと言っているそうです。宮司はどうしたらいいか困っておられるので、行って相談に乗ってくれませんか?」との連絡がありました。

河内国一之宮の枚岡神社は生駒山の西麓にあり、大阪平野を見渡す大きくて立派な神社です。

早速行ってみると、近鉄電車の枚岡駅前に大きな鳥居があり、その傍らにある石灯籠の台

ビーフォレスト活動は神社でも盛ん。神社では、鎮守の森づくりとして日本ミツバチの巣箱を設置している

の隙間から日本ミツバチが出入りしていました。石灯籠の中は空洞になっているので、そこに巣をつくったのです。ミツバチは参拝者の頭の上を元気に飛び交っています。

中東弘宮司に「ミツバチの扱いをどうしたものか？」と聞かれたので、「神社は、森（杜）を神様としています。その森をつくる日本ミツバチは〝神様〟ではないでしょうか？」とお話ししました。私はかねてより、日本ミツバチは「森の神様」だと思っていた話をさせていただきました。森がなくなるとミツバチは生きていけないし、ミツバチがいないと森も生きていけません。それは人間にも大きく影響することになります。

それ以降、中東宮司の計らいで、枚岡神社は日本ミツバチを保護して増やす「ミツバチと森をつくる神社」となりました。２０１５年のビーフォレスト・クラブ創設当初から、ビーフォレスト枚岡神社として巣箱を置き、日本ミツバチを増やす活動を行っています。また、２０１６年からは、枚岡神社で「ミツバチと森をつくる」ビーフォレスト自然観察会を開催しています。

実は、枚岡神社は「日本ミツバチ・ミュージアム」と言えるほど、いろいろな日本ミツバチの営巣状態を見ることができる、珍しいビーフォレストなのです。

２０１８年の春、日本ミツバチが営巣している場所を見てみると、鳥居のそばの石灯籠、本殿の屋根の中、本殿の前にある大きなビャクシンの切り株の中、ビーフォレストの巣箱２ヶ所、ケヤキやムクといった巨木の空洞にも、そして、アラカシの木の空洞にも営巣していました。ここでは自然巣から建物、巣箱、人工物と、いろいろな種類の環境に営巣することを観察できます。

本殿の後ろは、鎮守の森が生駒山系へと続いています。ビーフォレスト枚岡神社の日本ミツバチは、毎年分蜂して生駒山系のあちらこちらへ飛んで行き、森づくりをしています。

03 都市型公園での学び場づくり
～ビーフォレスト奈良県立民俗博物館（大和民俗公園）（ビーフォレストMAP9）

２０１５年の秋、偶然お目にかかった奈良県職員の山本尚さんに、「大和ミツバチ（日本ミツバチ）を増やす活動をやるなら、奈良県大和郡山市にある奈良県立大和民俗公園で行えばいいのではないか」と提案していただきました。

田舎の民家を見下ろす昔ながらの巣箱風景

約27haの公園内には、奈良県の有形・無形の民俗文化財を収集する民俗博物館があります。また、江戸時代の古民家15棟を移築復元して展示しています。

２０１６年の春から、民俗博物館と協定書を交わしてビーフォレスト活動を始めました。

その昔、大和郡山市では、日本ミツバチの蜂蜜を自家用として採るために、丸太でつくった養蜂箱を設置していたそうです。ビーフォレストでは古民家周辺に、当時の生活を意識しながら巣箱を配置しています。日本ミツバチ養蜂がある景観が、民俗学的にもぴったりです。ここでは、２０１８年の春から日本ミツバチが営巣して増え始めています。

04 森づくりから海づくりへ
～ビーフォレスト南伊勢町神前（ビーフォレストMAP56）

２０１７年、近畿地方でいちばん自然豊かな森がある地域はどこだろうかと探したことがありました。私の考えでは、植物が勢いよく育つための条件が整っている場所、水が豊かで陽射しが充分ある地域ではないかと思っています。近畿地方で雨が多いのは大台ヶ原の南東部、三重県の熊野、尾鷲地方になります。

自然豊かな森を探しに紀伊半島の南部を歩いていると、三重県南伊勢町の棚橋竈《たなはしがま》という平家の落人の村に行きつきました。熊野地方は、人工林のスギやヒノキに覆われていますが、南伊勢町は常緑広葉樹の自然林の山に覆われ、リアス式海岸が続く漁業の町です。

棚橋竈を知ったのは、南伊勢町の役場で棚橋竈の村田順一区長を紹介してもらったのがきっかけでした。ビーフォレスト活動の話を村田区長にすると「ここで、やればいい！」と快諾してくださいました。そして「町長にも会って、南伊勢町でもやれるように相談すれば？」と話は展開していきました。

また、地元の日本ミツバチ養蜂家を訪ねて、日本ミツバチの生息状況を聞いてみると、やはり南伊勢町もここ数年減っているとのことでした。

後日、小山巧町長と賛同してくださる地元のみなさんとお話させていただく機会をいただきました。南伊勢町は漁業が主な産業で、海がなければ生きていけない地域です。かつては、海を豊かにするために、川の上流部の森に広葉樹の苗を植えるイベントも行われていたので、森を豊かにすることの大切さは当然のように理解されているようでしたが、ミツバチが森づくりを担っているとは思ってもいなかったようです。リスクも少なく、広大な町有林もあることから「とにかくやってみましょう！」となりました。

そして、町長や役場の職員のみなさん、地域の自治会長さん、町議会議員の掛橋靖さんらの協力を得ながら、２０１８年の春、南伊勢町でビーフォレスト活動のモデル地域として、神前浦の川の上流部の森で巣箱の設置が始まりました。また、棚橋竈の森と、山ひとつ超えた平家の落人の村、新桑竈《さらくわがま》でも、区長さんらの協力で、同時にビーフォレスト活動が始まったのです。

巣箱を設置して数ヶ月がたち、営巣確認がされたのは棚橋竈の森だけですが、他の地域も日本ミツバチを確認しているので、順次営巣するのが楽しみです。ビーフォレストに日本ミツバチが営巣して増えた際には、今度は南伊勢町のそれぞれの港の子供たちと巣箱をつくって森に置きに行き、「ミツバチと森をつくって、海をつくる活動」をしてほしいと思います。

05 森の生態系を生かしたウメづくり ～ビーフォレストみなべ・田辺の梅システム（ビーフォレストMAP43）

「みなべ・田辺梅システム」として世界農業遺産に認定されている和歌山県のみなべ・田辺地区では、２０１８年11月からビーフォレスト活動がスタートしました。

生態系を利用した農業システム

ウバメガシの森
＋
日本ミツバチ
＋
梅林（農作物）

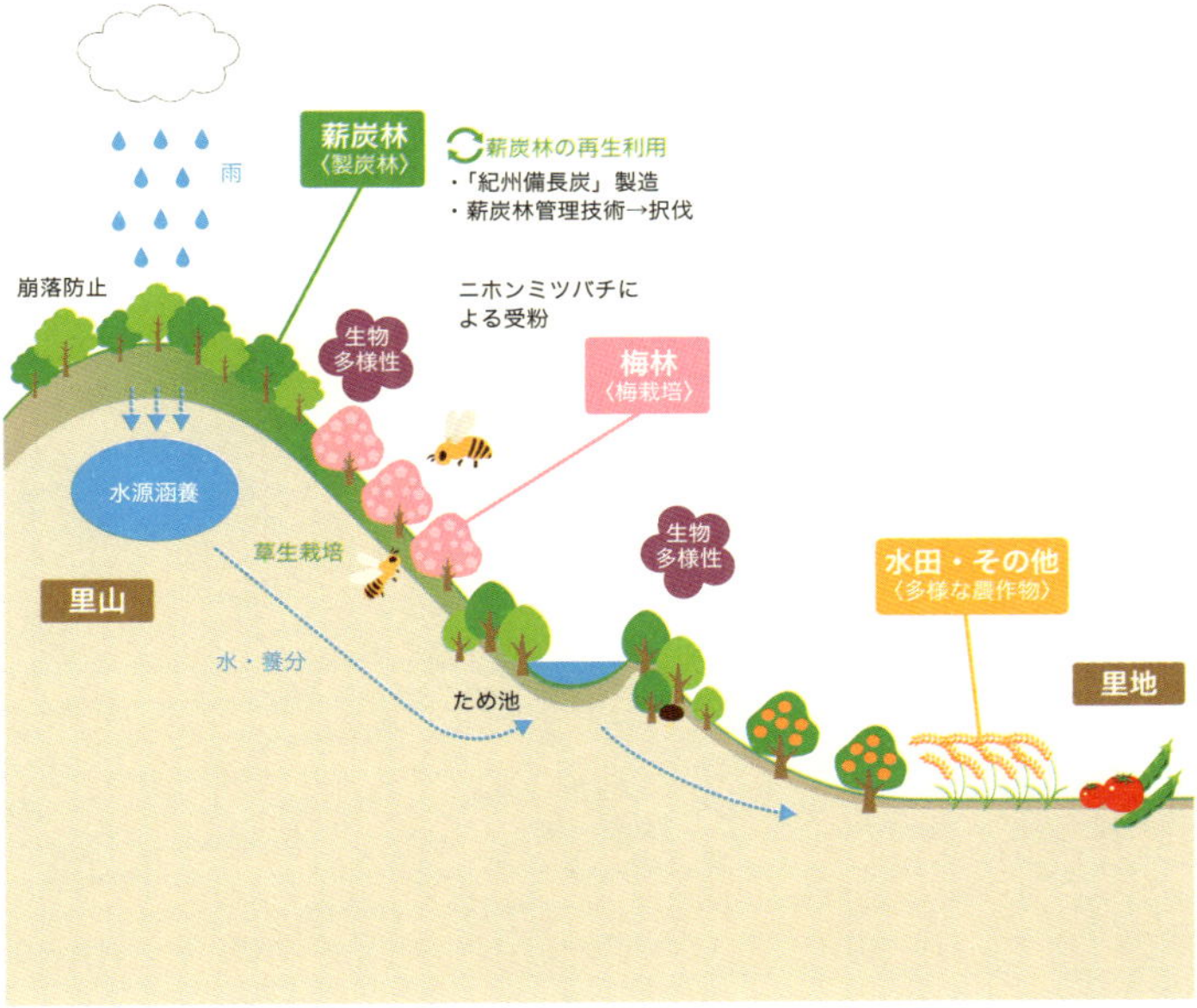

図21 世界農業遺産みなべ田辺の梅システム
（みなべ・田辺地域世界農業遺産推進協議会パンフレットより）

和歌山県南部に位置するこの地域は、「紀州備長炭」と日本一の「ウメ」の生産地です。江戸時代から400年以上も、ウバメガシの森（薪炭林）を残すために、山全体を梅林にしないという習慣が守られてきた地域です。

炭焼き職人がウバメガシやカシの木を択伐（細い枝は切らずに残し、後継樹を育てながら森林の更新を図る伐採法）することでウバメガシの森を守り、急斜面の山の農地を、土砂崩れなどで山が荒れてしまうことから防いだといいます。そして、広葉樹の木とともに、ウバメガシの森に棲む日本ミツバチを利用して、ウメの授粉を行ってきたのです。

日本ミツバチは冬眠しない昆虫ですから、早春に花が咲くウメの授粉には必要だったのです。また、みなべ・田辺地域で栽培されているウメの多くは、自分のめしべに他の木の花粉を授粉しないと実がならない「他家受粉」の種類です。日本ミツバチの力を借りなければ、手作業での授粉作業は大変なようです。

このように、昔から「森」と「日本ミツバチ」と「梅栽培」の関係を理解して、自然の生態系を残し、利用してきたことが、世界農業遺産として評価されたようです。

しかし、近年では日本ミツバチが減ってきて、西洋ミツバチの力を借りるようになってきました。経済優先の選択だったのでしょう。しかし、世界農業遺産として、昔のような自然の生態系を再生したいという気運が高まってきました。

「みなべ川森林組合」の松本貢さんを中心として、２０１９年の早春から巣箱を山に設置しました。きっと、営巣した日本ミツバチが西洋ミツバチにも負けない働きをしてくれるでしょう。そして、生物が多様な昔の森を取り戻してくれると期待しています。

世界農業遺産とは、社会変化や環境に適応しながらも、伝統的な農業とそれに関わって育まれた文化、土地利用（農地やため池・水利施設など）、技術、景観、そしてそれを取り巻く生物多様性の保全を目的に、世界的に重要な地域を国連食糧農業機関（ＦＡＯ）が認定する仕組みです。ＦＡＯの世界農業遺産は、その「農業・地域システム」を環境の変化に適応しながら保全し、次世代に継承していくことを目的としています。

06 農作業とともにミツバチを増やす農業学校 ～ビーフォレスト愛農学園農業高校（ビーフォレストＭＡＰ51）

２０１８年夏、和歌山県那智勝浦町の山の中にある色川地区でビーフォレスト活動を始めたときに、三重県伊賀市にある愛農学園農業高校の存在と、そのユニークな実践的な教育方針を知る機会がありました。「生きる力をつける農業」と、私には感じました。そして、是非ビーフォレスト活動をともに行えないかと思っていたところ、愛農学園の先生方も同様に思っていただき、学校としてビーフォレスト・クラブに参加していただくことになりました。

私は、「みなべ・田辺の梅システム」などのように、森と農業がミツバチなどのポリネーターによって繋がっていること、その役割とミツバチを増やす方法などを正確に伝えなければならないと考えています。また、みんなのミツバチのイメージも変えなければならないと考えています。

愛農学園では、2018年11月にビーフォレスト活動が始まりました。全国から集まった学生にビーフォレスト活動をしっかりと伝えて、みなさんそれぞれが農業とともにビーフォレスト活動をしてもらうことを楽しみにしています。

07 農学部との連携
～ビーフォレスト近畿大学農学部(ビーフォレストMAP13)

奈良県奈良市にある近畿大学農学部内の里山キャンパスでも、2019年の春からビーフォレスト活動が始まりました。

現在、農作物の温室栽培で多く利用されているのは西洋ミツバチですが、農学部ではそれに代わる方法として、さまざまなハチやミツバチ利用の研究が行われています。

ミツバチを増やす活動を進めているビーフォレスト・クラブは、近畿大学農学部の研究者、香取郁夫准教授らと連携して、日本の在来種である日本ミツバチをポリネーターとした農業利用の研究を進めることになりました。少し効率が悪くても、在来の昆虫を生かせれば、自然の生態系を壊すことは避けられるのではないかと思うからです。西洋ミツバチを排除したくても、それに代わるポリネーターを用意できなければ、農家にとっては大きな負担になります。日本ミツバチが西洋ミツバチとどのように代わっていくことができるのか、研究者とともに模索していこうと思います。

08 大学との連携で在来種を増やす
～ビーフォレスト皇學館大学（ビーフォレストMAP65）

２０１８年の年末、三重県南伊勢町の職員、山本さんから連絡がありました。「伊勢市の皇學館大学がビーフォレスト活動に興味があるらしいので、一度会ってくれませんか？」というお話でした。年明けの１月９日、南伊勢町に行く途中で、皇學館大学に行って話を伺いました。

皇學館大学では、日本古来の伝統文化を守るために、学生とともにお米やお酒、麻、生糸などを復活させるプロジェクトを、地域おこしや授業の一環として展開されていました。日本ミツバチ養蜂に着目されたのもその流れです。

蜂蜜を採って地域おこしになればとの目標ですが、まずは巣箱を置いて日本ミツバチに営巣してもらい、管理をして群れを増やしてからです。

千田良仁准教授らと連携して、とりあえず２０１９年の春、巣箱を10箱設置してスタートを切りました。ビーフォレスト活動をどのように展開するか、ビーフォレスト・セミナーなどを学内でもやりながら、取り組む方向を決めていければと期待しています。

09 世界遺産を守る水源の森づくり
～ビーフォレスト那智高原公園（ビーフォレストMAP64）

和歌山県那智勝浦町の色川地区でイベントを行ったときに、那智勝浦町の曽根和仁町会議員に、那智の滝や那智高原公園の存在と状況を教えていただきました。

現在、那智勝浦町は、水量の減少が懸念される「那智の滝」の保全に取り組むために、源流域の水源涵養《かんよう》機能の向上を計るための森づくりを検討しています。

水源涵養機能とは、雨水を森が吸収して保水する機能です。那智の滝の源流域は約５１０haありますが人工林も多く、年々水量が減少傾向にあるようです。

私としては、広葉樹の森を早くつくり、落葉や土壌細菌など多様な生物が土づくりを行えるような生態系づくりをするのがいいのではないかと思います。自然のスピードは緩やかですが、基本的な生態系要素を早期に準備し、開始することが肝要です。

そこで、曽根町会議員を通じて堀順一郎町長に相談させていただき、２０１９年春から９haほどの那智高原公園でのビーフォレスト活動を開始しました。

那智高原公園では、サクラの花に群がる日本ミツバチを発見しています。草木の授粉を促進して植物の繁殖循環を活発にできればと考えています。

このように、ミツバチを増やす「ビーフォレスト」は、単に日本ミツバチを増やすだけではなく、地域や状況に応じた課題も担っています。

奈良県が始める生物多様性を意識した「生きた森づくり」

２０１９年、奈良県（農林部）はビーフォレスト活動に着目し、生物多様性のある森づくりのための環境指標として、ビーフォレストＭＡＰづくりを県の事業として始めました。

奈良県の政策目的及び概要は、次のようなものです。

「近年、社会情勢の変化による林業不振や、所有山林に対する関心の低下などにより、奈良県では管理放棄された人工林や里山林が増加している。その対応として、奈良県森林環境税を活用して強度間伐などを実施してきたが、このような対応だけではなく、根本的な森林管理の仕組みづくりの必要性が増している。そこで奈良県では、環境と経済を両立させるべく

〈生産〉〈防災〉〈生物多様性〉〈レクリエーション〉の4つの機能を最大限に発揮させる目的で行われているスイスの森林管理を参考に、新たな森林環境管理の構築を目指しているところである。そのためには、目的とする機能を定量的に評価する必要があるが、特に〝生物多様性〟においては、確立された簡易な指標がない。そこで、社会性昆虫の日本ミツバチのポリネーター（授粉者）の役割に着目し、簡易な生物多様性評価指標を確立する」

生物多様性評価指標づくりのための環境指標調査は、2019年の春から3年間行われ、NPO法人ビーフォレスト・クラブが事業を受けて行っています。

人工林を伐採したとしても、どのように自然林へ移行することができるのでしょうか。長期的な展望に立てば、人工林を放置すれば自然の森に還っていくのですが、木がなくなった山は大雨が降ると災害をもたらすなど、そう簡単にはいきません。人工林を増やしたり、人工林を更新する専門家はたくさんいるのですが、災害もなく自然の森に移行するための専門家はほとんどいないと聞きます。

単に広葉樹を植えるだけでは自然の森はできません。鹿が苗木を食べてしまったり、雪や大雨で倒されたり、思った通りに自然は再生してくれません。景観だけの森ではなく、多様な生物が存在し、相互作用で支え合う生態系をつくらないと、本来の森とは呼べないのです。生物多様性評価指標づくりとともに、「生きた森づくり」にビーフォレスト活動が協力できればと思っています。

新たな森林づくりへの一歩です。同じように日本中の自治体が「木を植えるだけでは森はできない！」ことに早く気づき、多様な生物が繋がっている生態系サービスのある森づくりをしていただけるよう期待しています。

「自然の森づくり」とは

「ミツバチと森をつくる」ビーフォレスト活動を進めるに当たって、たくさんの森の再生や森づくりを行っている人たちと連携できればと思い、森づくりをしているいろいろな現場を見に行くことにしました。

スギやヒノキの人工林を伐採した跡地を森に戻す「自然の森づくり」は、大きく3つあります。

ひとつは「天然更新」といって、どこからか飛んでくる種や、動物たちがフンとして落とす種子などの自然発生に任せる方法です。土地を放置しておくと、植物の種子は風や鳥や動物たちに運ばれてどこからかやってきます。そして、その場の環境にもよりますが、植物が生息し、長い年月をかけて遷移しながら森に変化していきます。

2つ目は、「広葉樹の木を植える」方法です。その土地に昔から生息していた樹種を調べて、潜在植生を意識した複数の樹種の苗木を植えていきます。気候風土に合った苗木は、早期に自然林化していきます。

3つ目は、「人工林を混合林化する」方法です。奈良県吉野地方では、人工林を育てて切り出す過程で、自然木の発生を予想して間引くような伐採を行い、人工林と自然木との混合林化を計りながら、森林のバランスを取るという伝統的な方法を行っています。

また、人工林から自然林へ変えるための新たな森づくりの手法として、**スギやヒノキの「皮むき間伐」や「巻き枯らし（環状剥皮）」と呼ばれる方法**があります。木を機械で伐採して搬出するには費用がかさんで採算が取れません。自然林に戻したくても費用がかかります。そこで注目されているのが、樹皮をむいて木を枯らすという、誰もができる伐採方法です。

樹木は、年輪のいちばん外側、皮のすぐ下で水を吸い上げているので、樹木が生長する梅雨から夏の時期に皮をむくと水を吸い上げられなくなり、徐々に立ち枯れしていきます。そして、10年以上の時間はかかりますが、自然の時間で森に戻っていきます。

木を植えて森をつくる難しさ

２０１８年の初夏、ビーフォレスト・クラブの会員で、三重県熊野市に住む田畑公志さんから、「木を植えて森をつくるなら、後藤伸さんの講演録『明日なき森』（新評論）を読んでください！」という連絡がありました。早速読んでみると、後藤さんは人間性豊かで、熊野の自然を愛していた素晴らしい昆虫学者・生態学者でした。

生物学や民俗学などを研究した南方熊楠さんも和歌山県出身です。どうして熊野には素晴らしい人が生まれるのでしょう。

近畿地方でビーフォレスト活動をしていると、知らぬ間に南下していきます。南紀に行くほど、自然を大切にしたいという意識の高い人と出会うことが多くなるからです。そして、話の中に、必ず南方熊楠さん、後藤伸さんが現れるのです。

本を読んで、後藤伸さんがつくった熊野の森をつくる会「いちいがしの会」と連携できればと思い、「熊野の森ネットワークいちいがしの会」の柳川ゆたかさんに連絡しました。そして、２０１８年の夏の終わり、和歌山県上富田町にある植樹の森を案内していただきました。標高数百メートルにある２ヶ所のエリアで、カシなどの植樹をしていました。山間部の

1haもない小さなエリアでカシの木がすくすくと育ち、森を形成しています。

また、もう1ヶ所の5～6haほどの山に行くと、カラスザンショウやアセビ、イズセンリョウなどの樹木がところどころに茂っていました。これは、私が住む奈良公園近くの里山と同じ状態です。奈良公園のシカに草木の苗を食べられ、樹木はシカの角研ぎで順番に枯れていくのと同じ状況です。

「いちいがしの会」の森の周辺を見ると、シカの侵入を防ぐネットで柵をしていましたが、ところどころでシカが破って入っているのがわかります。一生懸命植樹した木の苗を食べられ、植えたみなさんは、さぞがっかりされたことでしょう。それでもまた気を取り直して、柵を補修し、植樹を繰り返す苦労が、山に残った植物から伝わってきます。その多くはシカが食べない植物で、タラノキやクスノキが僅かに残っていたようでした。

森づくりを始めて18年とのこと。植えても植えてもシカが食べるので、植樹の仕方を模索しているとのことですが、なかなか厳しい森づくりです。ビーフォレスト活動をやる前に、イチイガシの森づくりの課題を片付けなければいけないと感じました。

次に訪ねた森は、三重県北牟婁郡紀北町《きたむろぐんきほくちょう》十須にある1haほどの森です。

三重県紀北町にある民宿「割烹の宿 美鈴」を営む中野博樹さんの父、中野幸雄さんが20

世紀後半から宮川・大杉谷の山林で森づくりを始めたのですが、交通事故で亡くなられてからは、博樹さんが引き継いでいます。漁師だったお父さんの「海の恵みは山のお蔭、海の環境を守るため、森林を育てたいという漁民の願い」という意思を継ぎ、北牟婁郡紀北町十須に場所を移して、仲間とともに毎年植林を行っているとのことでした。中野幸雄さんが24年前から海と森の繋がりを案じて森づくりをしていたと知り、南紀に本気で森づくりをやっている人がいたという、なかなか出合わない話を聞いて嬉しくなりました。

その山も、シカの侵入を防ぐために柵で山を囲っています。シカは、プラスティックの網はすぐにかみ切ってしまうので、シカが噛み切れない使い古した漁網を使っていました。古い漁網はたくさん港にあるので、費用はいらないとのことです。

しかし、たまにシカに入ってこられて樹木が枯れる場合があるらしいのですが、その分を毎年補充するように植えていくようです。草木は、鬱蒼とは茂っていませんが、充分生物の気配を感じる森になっていると思いました。

中野さんは、「ミツバチと森をつくる」ビーフォレスト活動についてもすぐに理解されたようでした。次に行くときは、巣箱を持参する予定です。そのときは、ビーフォレスト紀北町十須となります。

2018年に3度伺ったのは、三重県熊野市の三ツ口山です。標高1000m近くの山で、人工林伐採後の45haを辻本力太郎さんが2002年頃に購入されて、広葉樹の森づくりを始めたようです。

人工林の中の細い道を上った先で私が驚いたのは、頑丈な高さ2mほどの金網を巡らした不思議な森です。その中に入ると、所狭しと植えられた木々は5m以上に育っていました。ケヤキ、コナラ、カシ、ウバメガシ、ヤマザクラ、カエデ、トチノキなど、元気いっぱいの広葉樹です。金網の中と外はまるで別世界で、どこかの植物公園の中に入ったような不思議なギャップを感じます。

辻本さんにお話を聞くと、植えた苗木はシカの食害で全滅してしまうので、結局金網で山を囲うしか森をつくる方法はなかったそうです。

山小屋を作り、そこを拠点に、毎日毎日木を植えたそうですが、その甲斐あって、充実した森は、木々の競争が始まるほどに成長しています。

ミツバチの巣箱をいくつか置いたところ、周りの森から日本ミツバチも現れ、増えていっているようです。

ビーフォレスト・クラブもこの森に巣箱を置いて、日本ミツバチが増えるお手伝いをさせていただくことになりました。ビーフォレスト三ツ口山の誕生です。ここはウグイスなどの小鳥たちも集まってきます。「トチノキの苗木を2000本植えたので、育つとすごい森になるよ」と、ご高齢の辻本さんが笑顔で夢を語っていたのが印象的でした。

「柵のない森づくり」のために

今回紹介した地域以外にも、私はたくさんの森や人工林を訪れましたが、シカの害が多く見られる地域での森づくりは、「シカよけの柵」をどうするかが大きな課題となっていました。獣害は農村部でも課題になっていて、シカ以外にイノシシやサルの被害がある地域はもっと深刻です。費用や人手で対応できない限界集落などは、ほとんどが耕作放棄地となっています。

広葉樹の森づくりを目指したけれど、ほとんどがシカに食べられてうまくいっていない事例をたくさん見聞きしました。あるところでは、都会からの有志がシカの害を予想してフェンスを張り巡らせ、山に木を植えました。そこまではよかったのですが、冬に積もった雪が崩れてフェンスが全部倒れてしまい、失敗に終わったと言っていました。植樹する人の中に現地の人がいれば、うまくできたのかもしれません。

結局、シカの害が予想される地域での森の再生は、三ツ口山のように丈夫な鉄の柵を張り巡らさなければいけないという、現実的な選択が見えてきます。

「柵の森」をつくると、鳥やミツバチやサルは越えることができますが、クマやイノシシやシカ、ウサギ、タヌキやキツネなどの動物は、草木が豊かに生い茂る柵の中には入れない、そんな森ができます。

「森」とは何か？　樹木がたくさんある森。生態系が機能しない状態でも、とりあえず「柵の森」を作るのか？

何もしないで放置する「柵のない森」は、シカが食べない草木の森になっていきます。昆虫や鳥や動物は行き交うけれど、そんな森でいいのでしょうか？

そして、もうひとつの道が「シカの抑制」です。「柵のない森」が広がるように、シカの増加を抑える方法です。

このように、なかなか結論が出ない議論が日本中で行われています。しかし、そのような「獣害」と呼ぶ生態系が壊れた森の状況をつくったのは人間です。個々の利害で森を壊し、道路やダムや川を開発してきた結果であることを忘れてはなりません。人間が生態系という繋がりを寸断してきたのです。

シカの害にどのように対応するかという課題は、多くの地域に共通する課題です。自治体は、従来のような個別対応をするよりは、広域な自然環境を視野に、生態系のある森の再生を目指すべきだと思います。

地域に根ざした「ビーフォレスト・コミュニティ」づくりへ

森、川、海、農村のそれぞれに、多様な生物が相互に繋がってこそ、生態系が機能します。しかし、多様性や生態系サービスが大切だと叫びながら、どうして繋がって活動しないのでしょう。

自然の森の生態系は、多様な生物とさまざまな要素が繋がってできているので、木を植えるだけ、日本ミツバチを増やすだけでも完結しません。「木を植える活動」や「ミツバチを増やす活動」「水源を守る活動」「皮むき間伐する活動」「川や海を守ろうとする活動」「里山を守る活動」そして、「昆虫や小鳥、クマやサルなどの動物を守ろうとする活動」など、たくさんのことが必要です。

たとえば、「木を植える活動」と繋がって、同じ場所に巣箱を設置するビーフォレスト活動を行えば、ポリネーターを増やして草木の新陳代謝を高めるので、木を植えて森をつくる活動はより効果的になると思うのです。また、「里山の自然を守る活動」においても、ビーフォレスト活動が加わることによって、里山周辺の農作物へのポリネーター効果が期待できます。

また、山、森、川、海、農村は繋がっているのに、行政区域が区切られているため、それぞれが異なる対応になっている場合があります。自然には境界線はありません。

ビーフォレスト活動も、全国の森に巣箱を設置して繁殖環境をつくる場合に、いろいろな壁が待ち受けています。同じ轍を踏まないように、活動課題に応じて自治体や活動組織、学校、企業や神社仏閣、有志たちと繋がって、実践的な連携活動の可能性を追求したいと思っています。

２０１８年春、ビーフォレスト活動が浸透して広がる中、新たな問題と課題が出てきました。

ビーフォレストに設置した巣箱は、１ヶ月に一度、会員が定期的に見回る「巣箱管理」を行いますが、定期的に巣箱管理に行けないビーフォレストが出てきたのです。

その原因は、一気にビーフォレストが増えたため、巣箱管理体制が間に合わなかったからです。ビーフォレスト活動を全国に広げるためには、持続可能で安定した管理体制が必要です。そのためには、ひとつの組織を拡大した管理体制ではなく、地域に根ざした「ビーフォレスト・コミュニティ」を各地につくる必要があると考えています。ビーフォレスト活動を理解して、実践したい会員がコミュニティの中心となり、地域や仲間の状況に応じた活動をすることが望ましいのです。そういった、他組織と連携が取れる指導者「ビーフォレスター」を養成する必要があるとも考えています。

現在はビーフォレスト・クラブに本部機能を充実させ、各地のビーフォレスト・コミュニティの自立した活動支援をする役割を担う方向に向かっています。そして、将来的には、コミュニティの代表が集まって、ビーフォレスト・クラブ全体の運営ができるようになればと思っています。

日本の森に「巣箱10万個プロジェクト」

ビーフォレスト活動を全国に広げる体制づくりのため、まず目標設定をしてみました。ビーフォレストや巣箱の設置をどの程度行うべきかの目安となる、数値的な目標です。そして、掲げたのが10万個の巣箱設置です。

日本ミツバチが生息していない北海道を除いた各都府県に約２０００個の巣箱を設置すると想定した場合、従来の経験から、初年度の営巣率は約10〜15%です。２０００個の巣箱に対して、約２００〜３００個の営巣が期待されるということです。よって、初年度の46都府県の平均営巣は250箱となります。そして、次年度は、経験的にみて営巣は約2倍の500箱に増え、それ以降は、地域によりますが250〜500箱以上の間を往き来すると想定しました。

実際に行った場合の費用を単純計算してみました。

巣箱の単価を1万円として、10万個で10億円必要です。耐久年数を5年として、1年に2万個設置すると、年間巣箱費用は2億円となります。そして、設置管理費用を同額の2億円とした場合、「10万個プロジェクト」に必要な年間予算は、約4億円で、46都府県で割っても、1都道府県で平均1000万円以下の支出で済む計算になります。

「ポリネーター環境指標」も飛躍的に進展して、かつてない日本の自然環境の豊かさの動向を把握できることになるでしょう。

現在、絶滅危惧種の保護活動以外に、具体的に日本の森の生物多様性の保全・推進は、どのような方法で行われているのでしょうか？　それがなかなか見えてきません。生物多様性が「生態系サービス」をつくっていることを言葉でいくら理解しても、それを保全、進展させる実践的な方法がなければ、現状すら守れないでしょう。

「10万個プロジェクト」の前提は、各都道府県が奈良県のように、防災や生態系サービスを拡充する新しい森づくりのための「ポリネーターの環境づくり」が重要であるという認識が必要です。そして、事前調査や所有林、施設等の活用、各都府県民への理解や、参加を促す広報イベントなどの支援が必要です。

日本の国民の財産は、森と川と海の自然です。これを豊かにすることに躊躇するべきではありません。

野生の「昆虫保護法」の成立を目指そう！

世界的に、人間の経済活動が昆虫の生態に及ぼす影響に対して懸念が高まっています。

２０１９年7月に、ドイツのバイエルン州で「昆虫保護法」が成立しました（独ＤＰＡ通信より）。

昆虫保護法は、昆虫が生息する地域での殺虫剤散布の禁止や特定の除草剤散布、そして、昆虫の生息や活動を阻害するような環境規制も盛り込まれています。「昆虫保護に向けた行動計画」では、毎年、多額の予算をかけ実施されるようです。

もし昆虫がいなくなったら森や農作物は授粉できなくなり、人類も大変なことになる——これが真実であるという認識が広がり、激減していく昆虫を守ろうという人々の声が法案の成立に繋がったのです。

昆虫の増減を正確に判断するのは非常に難しいのですが、極端に減っている事実を共有することは可能です。

日本国内においても、森林の変化や農薬、伝染病、気候変動などによって、日本ミツバチを代表とする野生のポリネーターを中心とした多くの昆虫たちが減っています。

太古の昔から、森の草木に授粉して森をつくってきた野生の昆虫を守ることは、私たち自身を守ることです。ビーフォレスト・クラブでは、日本でも野生の「昆虫保護法」の制定検討を進めなければならないと考えています。

ビーフォレスト・クラブへのよくある質問や相談

Q：巣箱の素材は合板ではなく無垢材が良いのでは？

A：現時点での巣箱づくりは、針葉樹の厚手の合板を使用しています。合板は化学薬品で接着した板材なので、ミツバチにとってよくないのではないかとの指摘を受ける場合がありますが、実際、数百事例の経験上では目立った問題はないようです。

自然巣となる大きな空洞のある木が少なくなったことから難民状態となっている日本ミツ

バチのために、全国の森に巣箱を設置していくことを考えると、活動資金節約のため、材料と加工性、移動性、保管性などを考慮して現状の巣箱になっています。また、丸太や無垢材の巣箱であっても、あくまでそれらは仮設住宅です。まず、難民の日本ミツバチのために棲み家をたくさん作ることが先決と考えて、各地域で入手しやすく制作しやすい材料で加工性などを考慮した地産地消体制づくりが今後の課題になります。

ビーフォレスト・クラブが考える日本ミツバチの理想の棲み家は、自然の大木にできた自然の空洞巣です。巣箱の作り方も重要ですが、「ミツバチと森をつくる」ことによって早く自然の空洞巣がたくさんできることを期待します。

Q：養蜂目的の巣箱がいっぱい野山に置いてある地域で、ビーフォレスト巣箱を設置すると、トラブルになりませんか？

A：一般に養蜂される方の目的は、捕獲や採蜜です。ビーフォレスト活動の目的はミツバチを増やすことです。競合するものではないのですが、ミツバチを盗られたと思われる方もいるようです。そう考えると、ビーフォレスト活動への理解をもっと広げる必要があると思います。

特定非営利活動法人 ビーフォレスト・クラブとは

〈活動目的〉

この法人は、自然林の激減に伴い、日本ミツバチの餌場や棲める空洞のある樹木がなくなっている現状に鑑み、古代から日本の森を作ってきたポリネーター（送粉者）の代表である日本ミツバチが日本の生態系の中で極めて重要な役割を果たしていることを伝えながら、空洞の代わりに森などに巣箱を置くことで、日本ミツバチの保護と繁殖環境づくりを行うことを目的とする。なお、このことにより、森の草木や農作物の受粉率が上がり、多くの野菜や果樹などの生産性を高めるだけでなく、生物多様性に富んだ豊かな森づくりに寄与するものである（定款より）。

「ミツバチと森をつくる会」　特定非営利活動法人 ビーフォレスト・クラブ

・２０１５年３月８日　ビーフォレスト・クラブ設立
・２０１９年４月１日　非営利活動法人 ビーフォレスト・クラブとして法人化
お問い合わせ　〈事務局〉ＮＰＯ法人ビーフォレスト・クラブ
〒６３０-８３０１　奈良市高畑町４４５-１
大和ミツバチ研究所〈HP〉https://www.bee.agriart.info/

ビーフォレスト・クラブのバッジ

おわりに〜日本ミツバチが教えてくれたこと

私の家の周りの春日山原始林には、たくさんのシイの木があります。5月に花が咲くと、山は黄金色に輝きます。秋には毎年、何千、何万とドングリを落とすのですが、その中から芽を出すのは、運がいいほんの一握りのドングリだけです。

芽を出して、成長を始めるシイの苗は、陽射しと水と養分を欲しがります。根を張るようになると、自分が生きるために必死です。周りの植物のことは目に入りません。

2〜3メートルに育ったシイの木でも、まだまだ森の中では子供です。大きな大人の木の陰で、陽射しを求めて枝葉を広げ、上へ上へと伸びようとします。そんなシイの枝には蜘蛛が巣をつくって、小さな虫を狙っています。

5メートルほどに伸びて、森の木の隙間からだいぶ陽射しを浴びるようになったシイは、しっかりとした枝を張れるようになってきました。鳥たちが枝でひと休みしたり、少しの花を咲かせて、アブやハエや日本ミツバチなどに授粉してもらい、周りの生き物たちと繋がっていきます。ドングリも少しずつ落とせるようになり、リスがそれを採りに寄ってくるようになりました。

やがて大木となったシイの木は、陽射しを十分浴びられるように、樹冠がブロッコリーのような姿になりました。春には花をいっぱい咲かせて、アブやハエ、日本ミツバチたちとも、共に暮らす仲間になっています。そして、秋にたくさんドングリを落とします。それを知っているシカやイノシシ、リスなどは、その頃になるとどこからか集まってきます。動物たちは、冬の前に栄養たっぷりの木の実をたくさん食べて、あちこちでフンをしながら種蒔きをしてくれます。

そうやって、未消化の運のいいドングリは、あちらこちらで芽生えます。この繰り返しによってシイと森の未来も悠々としたものになるのです。

老木になったシイの大木は、子孫を残しながら森の動物や生物をたくさん養ってきました。やがて年老いたシイは、その一生を終え、森の中に倒れます。それを森の菌や微生物たちが食べて、命を受け継ぐように、ゆっくりと栄養分のある土に返していきました。その土が、栄養と水を抱えて森と子孫を育て守るのです。

このようにして、シイの木は一生を終えていきます。

子供のときは、元気に育つために自分のことだけを考えて、共生するなどという余裕はありません。やがて大人になると、自分のためだけではなく、鳥や昆虫や動物たちが羽を休めたり、巣をつくったりする場所になり、木の実を落とすという新たな役割を担います。そして、年老いて森のために命をつないでいくのです。
子供から大人になり、年老いて死んでいくというプロセスは、人間も同じです。振り返ってみると、私は大人になってからも、子供のようにまだ自分のことで精一杯でした。森の木だったら自分勝手では役に立てないですよね。そんな木がたくさんある森は、寂しく貧しい森だろうと思います。

私は日本ミツバチと出会って、その生活の向こう側にある森との繋がりを知り、人が生きる意味や役割が見えてきたように感じました。今まで仕事や趣味でも自然を壊す、自然に負う生き方だけしかしてこなかったことに気づいたのです。

ミツバチが森をつくる生き方は、「他者を豊かにしながら、その豊かな森の中で生きることが幸せ」なのだということを教えてくれました。自分を満たすことだけではなく、自分の周りの人や自然を豊かにできる役割を担える大人になることが、幸せに近づくことだ。ミツバチと森を見て、豊かな自然環境や友人もつくりながら、そこで生きられることが、真の豊かさなのだと実感しています。

ミツバチの生き方を知ってから、私が心がけているのは「自然を味方につける」ということです。誤解を恐れずに言うと「自然に頼って、いかに楽しく、ラクして生きるか！」ということがテーマです。

しかし、自然を味方につけるには、自然の仕組みを知らなければなりません。そして、方法（知恵）を身につけなければなりません。

学ぶ場面や人がいない場合は、探します。そして、遙か昔の人のやり方や、伝統的な道具や方法を真似ます。失敗しても、何度もやり直します。

そうすると、歳時記のように自然との接点が見えてきます。四季の変化を意識して、どのように応じるのかが、少しずつ身にしみてわかってきます。

自然の変化にうまく対応することを、私は勝手に「ネーチャーサーフィン」と呼んでいます。波のような自然の変化を、うまく乗りこなすことをイメージしているのです。海のサーファー

人も樹木も成長過程で役割が変わります

と同じで初心者は大変ですが、一度波に乗る感覚を知ると……もう、止められません。**自然を味方につけて、自然と繋がる一体感を味わうことができるのです。**そうなれば、自分たちの生活のために、素晴らしい自然環境づくりと素晴らしい人との出会いを求めるようになるのは、間違いありません。

ビーフォレスト活動を始めた当初、巣箱は自前でつくって森に置きに行っていたのですが、設置する巣箱数が増えていくにつれ、その費用や経費に問題が出てきました。

そんな中、**２０１６年度の「トヨタ環境活動助成プログラム」に応募したところ、私たちのビーフォレスト活動が、見事採択されたのです。**トヨタ自動車が進めているこのプログラムは、「生物多様性」と「気候変動」を対象テーマに、民間非営利団体などが実施する実践型プロジェクトを助成するものです。トヨタ自動車の関係者に後日聞いたのですが、ビーフォレスト活動のようなポリネーター（昆虫）を増やして自然環境づくりを行う活動は、他に事例がなく、新たなアプローチだと評価されたようです。

こうして２０１７年、２０１８年の2年間、巣箱の材料費として助成していただいたことで、ビーフォレスト活動が広がることになったのです。

また、２０１８年度も同プログラムの助成に応募して採択され、２０１９年、２０２０年の2年間も、ビーフォレスト活動を全国に向けて拡大するために、引き続きご支援いただくことになりました。

２０１９年５月からは、大阪府東大阪市にある大阪樟蔭女子大学のライフプランニング学科で、エコロジー論の授業の一環として、ビーフォレスト活動が授業に取り入れられました。

私たちの生活の中の「食」の基盤は、自然生態系サービスによって支えられていますが、生物多様生や生態系については、本で学ぶだけではなかなか実感できません。

樟蔭女子大学の狙いは、命の繋がりによって形成される生態系を、フィールドワークやワークショップを通じて実践的に学んでもらおうというものです。

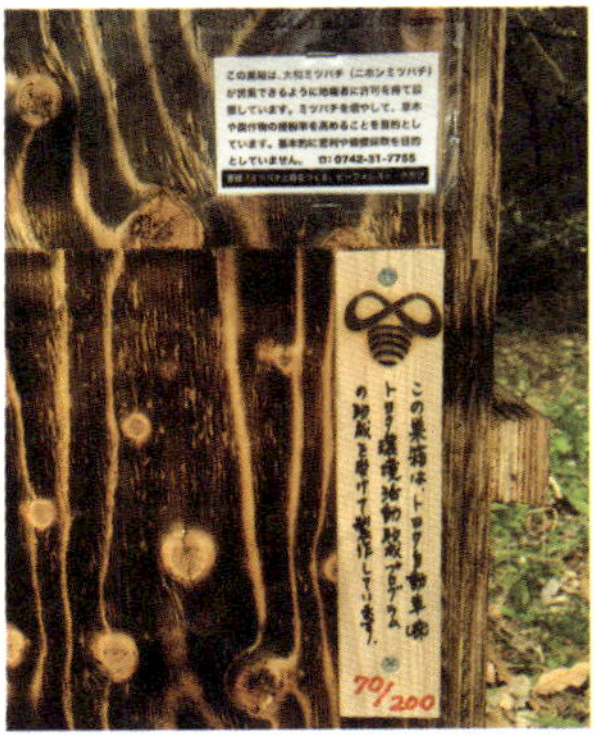
巣箱は、活動目的や協力者の木札をつけて設置する

「ミツバチと森をつくる」ビーフォレスト講義を軸に、ミツバチが自然に増えていく森づくりの現場や、日本ミツバチと繋がる春日山原始林、そして、原始林の豊かな水が流れている川と繋がる自然農園を実際に訪れるフィールドワークです。

体験学習に参加した学生のアンケートや眼差しから、ミツバチと森と農作物と私たちが繋

がっている事実。それによって生態系という命の繋がりを意識してもらえたのは大きな成果だったと思います

このような企業支援や教育機関の協力に応えるためにも、ビーフォレストＭＡＰにミツバチが増えたという成果を残すために、今後もこの活動に邁進していきます。

最後に、ビーフォレスト活動にご協力・ご参加いただいたみなさまへ。

おかげさまで、ビーフォレスト活動が、ここまで進展できました。ありがとうございます。これからもよろしくお願いいたします。また、本書の出版に当たり、出版社の今井博揮社長はじめ、長川亮一さん、高山史帆さん、編集者の村山久美子さんには、心より感謝いたします。

参考文献

福岡正信『自然農法 わら一本の革命』春秋社、2004
トーマス・D・シーリー『ミツバチの会議』築地書館、2013
吉田忠晴『日本応用動物昆虫学会誌／在来種ニホンミツバチと導入種セイヨウミツバチの雄蜂の集合場所の相違』日本応用動物昆虫学会、2009
福岡伸一『動的平衡 生命はなぜそこに宿るのか』木楽舎、2009
アレッサンドラ・ヴィオラ、ステファノ・マンクーゾ『植物は〈知性〉をもっている』NHK出版、2015
カール・フォン・フリッシュ、伊藤智夫訳『ミツバチの不思議』法政大学出版局、1953
前田太郎『日本ダニ学会誌／日本におけるミツバチのアカリンダニ寄生の現状』日本ダニ学会、2015
百田尚樹『風の中のマリア（講談社文庫）』講談社、2011
菅原道夫『比較生理生化学／捕食者スズメバチに対するニホンミツバチの防衛行動学』日本比較生理生化学会、2013

Alexandrous Papa Christoforou『Current Biology（カレント・バイオロジー）／asphyxia-balling（窒息スクラム）』Current Science group、2007
Juergen Tautz、丸野内棣訳『ミツバチの世界』丸善株式会社、2010
中野茂『畜産試験場年報／花みつの分泌量』農林省畜産試験場、1962
菅原道夫『ミツバチ科学／ニホンミツバチの自然群とその生活―大阪府東北部において―』玉川大学ミツバチ科学研究所、1988
宮脇昭『鎮守の森（新潮文庫）』新潮社、2007
熊野の森ネットワークいちいがしの会『明日なき森　カメムシ先生が熊野で語る　後藤伸講演録』新評論、2008

著者紹介

吉川 浩

よしかわ ひろし

1952年４月９日兵庫県赤穂市生まれ、大阪市育ち。

自然農法、自然養蜂家。大和ミツバチ研究所代表。自然に委ねて生きる「しあわせの田んぼの会」代表。NPO法人ビーフォレスト・クラブ代表。

放浪生活を経て、30歳で初めてのサラリーマン生活を体験。1987年に（株）イメージ・ラボラトリーを設立。独自のデザイン・マーケティング論で大手企業のコンサルティング業務を行う。1992年に月刊『介護ジャーナル』創刊、2007年まで発行人を務める。また、この雑誌をきっかけに『介護110番：母がおカネをかくします。』（小学館）の執筆・編集に携わる。2012年に大阪市立大学大学院創造都市研究科で博士号を取得。2003年から2017年まで尾道市立大学で非常勤講師を務める。

現在、奈良公園の南部で妻と半自給自足的生活を送りながら、ビーフォレスト・クラブの活動を広めるべく、日本各地に足を運んでいる。

ミツバチおじさんの森づくり
日本ミツバチから学ぶ自然の仕組みと生き方

2019 年 11 月 27 日　初版発行
2022 年 4 月 4 日　第 2 刷発行

著者／吉川 浩

装幀＋口絵と本文のハチのイラスト／斉藤久美
編集／村山久美子
本文デザイン・DTP ／小粥 桂

発行者／今井博揮

発行所／株式会社 ライトワーカー
TEL 03-6427-6268　FAX 03-6450-5978
info@lightworker.co.jp
https://www.lightworker.co.jp/

発売所／株式会社ナチュラルスピリット
〒 101-0051 東京都千代田区神田神保町 3-2 高橋ビル 2 階
TEL 03-6450-5938　FAX 03-6450-5978

印刷所／中央精版印刷株式会社

ISBN978-4-909298-07-2 C0061